长江中下游
岸滩生态控导理论与实践

刘万利　王建军　杨　阳　杨云平◎著

河海大学出版社
·南京·

图书在版编目(CIP)数据

长江中下游岸滩生态控导理论与实践 / 刘万利等著. -- 南京：河海大学出版社，2023.7
ISBN 978-7-5630-8275-9

Ⅰ.①长… Ⅱ.①刘… Ⅲ.①长江－内河航道－河岸－生态环境保护－研究 Ⅳ.①X736

中国国家版本馆 CIP 数据核字(2023)第 127918 号

书　　名	长江中下游岸滩生态控导理论与实践
书　　号	ISBN 978-7-5630-8275-9
责任编辑	杜文渊
特约校对	李　浪　杜彩平
装帧设计	徐娟娟
出版发行	河海大学出版社
地　　址	南京市西康路 1 号(邮编：210098)
网　　址	http://www.hhup.com
电　　话	(025)83737852(总编室)　(025)83722833(营销部) (025)83787763(编辑室)
经　　销	江苏省新华发行集团有限公司
排　　版	南京布克文化发展有限公司
印　　刷	广东虎彩云印刷有限公司
开　　本	787 毫米×1092 毫米　1/16
印　　张	11.5
字　　数	210 千字
版　　次	2023 年 7 月第 1 版
印　　次	2023 年 7 月第 1 次印刷
定　　价	78.00 元

内容提要

本书以长江中下游河段岸滩为研究对象，采用现场调研、资料分析、试验研究等方法，揭示了长河段岸滩演变的联动与传导机理，建立了航道工程生态控导模拟技术，分析了航道工程前后的生态学效果，提出了岸滩生态控导理论与技术，形成一套自主创新且适用于长江中下游河段特点的航道整治理论方法和关键技术。

本书可供从事航道整治、河床演变分析、工程规划及设计等方面工作的科技人员参考使用，也可供高等院校相关专业的师生作为参考用书。

作者简介

刘万利，武汉大学博士研究生，清华大学博士后。任职于交通运输部天津水运工程科学研究院，研究员。主要从事港口与航道工程专业领域的科学研究工作。

近年来，主持或主要参与了国家重点研发项目、国家"863计划"项目、西部重大专项、西部交通建设科技项目、长江黄金水道航道建设项目、基础理论研究课题、河工模型试验研究、河流水沙数值模拟技术研究等几十余项研究课题，取得了许多技术突破和创新，其中多项成果达到了国际领先水平或国际先进水平，为工程实施解决了诸多棘手的技术难题，为交通运输行业重要战略和国家战略制定提供了技术支撑。

曾获天津市"131"创新型人才培养工程第一层次人选，"交通运输青年科技英才"荣誉称号；先后获省部级科技奖励一等奖2项、二等奖8项、三等奖2项；出版学术专著5部，发表学术论文50余篇，其中SCI、EI检索论文10篇；获得授权发明和实用新型专利20项、软件著作权5项。

序 preface

传统河道治理与航道整治工程中固化河岸、洲滩等措施,对鱼类栖息环境影响较大,加剧了河道治理、航道整治与鱼类生态环境之间的矛盾。在"共抓大保护、不搞大开发"的背景下,为了解决航道整治与生态保护之间的关系,亟须解决航道整治工程与生态环境的协同关系,建立岸滩生态控导理论与技术,进而为河流与航道的治理、开发及可持续发展提供科学依据。

本书采用现场调研、资料分析、试验研究等方法,以长江中下游河段岸滩为研究对象,揭示了长河段岸滩演变的联动与传导机理,建立了航道工程生态控导模拟技术,比较分析航道工程前后的生态学效果,形成了岸滩生态控导理论与技术,在长江中下游河段开展系统的应用示范。主要研究成果如下。

(1) 提出了基于河流联动属性划分的岸滩控导原则,综合生态环境要素,建立了岸滩生态控导理论框架。

(2) 基于四大家鱼生态水力学指标,改进了航道工程物理模型和数学模型,开展了生态水力学模拟研究,建立了岸滩生态控导生态水力学模拟技术体系。

(3) 提出了岸滩控导建筑物布置原则与方法,优化了工程布置及主尺度参数,跟踪分析工程的生态学效果,形成了长江中下游岸滩生态控导理论与技术。

刘鹏飞、程小兵、平克军等参与了本书有关研究、资料整理和绘图工作,李旺生研究员、李一兵研究员对本书给予了技术上的指导,本书凝聚了他们的汗水和智慧,是大家共同劳动的结晶。交通运输部天津水运工程科学研究院和内河港航研究中心的领导及全体同事在本书的编写和出版过程中给予了大力支持、关怀和资助。

在本书编写过程中,得到了长江航道局、长江航道规划设计研究院等的大力支持和协助,同时也得到行业内有关专家的热情帮助与指导。在此,谨向所有给予支持与帮助的各级领导和专家表示衷心的感谢!

由于编者水平有限,书中难免有疏漏和不妥之处,敬请读者批评指正。

编者

2023 年 1 月于天津滨海新区

目录 contents

- 第1章 绪论 ······ 001
  - 1.1 引言 ······ 002
  - 1.2 研究现状 ······ 002
    - 1.2.1 长江中下游航道建筑物类型及长河段岸滩演变联动关系研究现状 ······ 002
    - 1.2.2 河流生境与工程关系研究现状 ······ 018
    - 1.2.3 岸滩生态防护措施研究现状 ······ 023
    - 1.2.4 长江中下游四大家鱼水力学特性研究现状 ······ 026
    - 1.2.5 航道整治工程与四大家鱼生态水力学关系研究 ······ 030
  - 1.3 本书主要特色 ······ 031

- 第2章 长江中下游岸滩生态控导思路与技术框架 ······ 033
  - 2.1 岸滩生态控导思路 ······ 034
    - 2.1.1 生态航道思路 ······ 034
    - 2.1.2 生态航道整治建筑物新结构、新工艺 ······ 034
    - 2.1.3 施工全过程生态监控与防护体系 ······ 036
  - 2.2 航道岸滩控导原则与关键技术 ······ 037
    - 2.2.1 基于河流属性的航道岸滩控导原则 ······ 037
    - 2.2.2 航道岸滩生态控导技术框架 ······ 037

- 第3章 长江中下游岸滩演变及长河段传导机理研究 ······ 041
  - 3.1 长江中下游河道滩槽调整特点研究 ······ 042
    - 3.1.1 河道整体的冲淤变化 ······ 042

  3.1.2 河道冲淤分布 ·· 046
  3.1.3 基于河道单元尺度的河床冲淤进程分析 ············ 051
 3.2 长河段联动过程对岸滩稳定性的作用机制 ··················· 059
  3.2.1 弯道岸滩失稳向下游河段的传导机理 ··············· 059
  3.2.2 长江中下游岸滩演变向下游的传递及联动现象 ········ 065
  3.2.3 河段联动性强弱对岸滩稳定性的影响 ··············· 073
 3.3 基于物理模型试验的岸滩失稳机理研究 ····················· 076
  3.3.1 实验方案的确定 ··· 076
  3.3.2 典型影响因素条件下坡脚冲刷及崩岸特性试验研究 ····· 080
  3.3.3 基于坡脚冲刷的岸滩水沙动力学机理试验研究 ········ 088
  3.3.4 月牙形沙波 ·· 100
  3.3.5 月牙形沙波与岸滩失稳的关系 ························ 105

第4章 岸滩工程生态控导工程模拟技术研究 ····················· 111
 4.1 长江中下游四大家鱼生态敏感性水力学指标研究 ············ 112
  4.1.1 长江中游鱼类早期资源现状 ··························· 112
  4.1.2 四大家鱼栖息环境适宜度曲线研究 ··················· 112
 4.2 基于四大家鱼生态水力学指标的复合模型研究 ··············· 120
  4.2.1 考虑四大家鱼生态水力学指标的航道工程复合模型设计
     ··· 121
  4.2.2 试验监测及模拟内容 ··································· 124

第5章 岸滩生态控导工程理论与工程实践 ························ 125
 5.1 基于长河段岸滩联动与纵向传导的控导原则 ················· 126
  5.1.1 强联动性河段岸滩控导原则 ··························· 126
  5.1.2 强联动性向弱联动性转化的过渡段整治方法 ········· 128
  5.1.3 弱联动性向强联动性转化的过渡段整治方法 ········· 131
  5.1.4 非联动性河段航道与航道治理方法 ··················· 132
 5.2 长江中游戴家洲河段航道整治工程生态效果 ················· 134
  5.2.1 戴家洲右缘控导工程生态效果分析 ··················· 134
  5.2.2 戴家洲河段二期航道工程方案生态水力学效果分析 ······ 137
  5.2.3 戴家洲河段6 m水深航道整治工程生态水力学试验研究
     ··· 141

5.3 长江下游东北水道航道整治工程生态效果 ················· 156
　　5.3.1 工程方案简介 ····································· 156
　　5.3.2 工程及航道效果分析 ······························· 157
　　5.3.3 生态效果分析 ····································· 159
5.4 长江下游江心洲河段航道整治工程生态水力学研究 ········· 160
　　5.4.1 工程方案介绍 ····································· 160
　　5.4.2 控导工程生态效果分析 ····························· 161

参考文献 ·· 167

第1章

绪　论

1.1 引言

长江是连接我国东、中、西部地区的水运主通道、沿江综合立体交通走廊的主骨架,沿江产业布局中的主支撑以及沿江绿色生态廊道中的主基调。随着依托黄金水道建设长江经济带战略的实施,为更好地发挥长江航道的基础性、先导性作用,加强航道系统治理、提高长江通过能力迫在眉睫。长江干线航道上起云南水富港,下至长江入海口,全长 2 838 km,是我国长江流域综合运输体系的主骨架。随着长江经济带的建设,长江干线已实施了系统的航道整治工程,航道尺度得到较大幅度的提升。

河流生态系统为人类提供了多样性的服务功能,如水电功能、航运功能、生态功能、调节控制功能和文化美学功能等。水利工程对河流生态系统的影响一直是河流生态保护研究的热点,河道治理与航道整治相较于水电开发,因为没有阻隔鱼类洄游通道,所以在生态保护方面重视不够。然而,传统河道治理与航道整治工程中的固化河岸、洲滩等措施,对鱼类栖息环境影响较大,加剧了河道治理、航道整治与鱼类生态环境之间的矛盾。在"共抓大保护、不搞大开发"的背景下,为了协调航道整治与生态保护之间的关系,亟须厘清航道整治工程与生态环境的协同关系,建立岸滩生态控导理论与技术,进而为河流与航道的治理、开发及可持续发展提供科学依据。

本书从长江中下游河段岸滩演变研究出发,揭示长河段岸滩演变的联动与传导机理,建立航道工程生态控导模拟技术,比较分析航道工程前后的生态学效果,形成岸滩生态控导理论与技术,并在长江中下游河段开展系统的应用示范。

1.2 研究现状

1.2.1 长江中下游航道建筑物类型及长河段岸滩演变联动关系研究现状

航道浅滩碍航程度不仅与经历的水沙过程有关,更与河道岸线、边滩及心滩等密切相关。长江为大型冲积型河流,中下游为沙质河段,河道内分布有大量的边滩和心滩;同时,在清水冲刷的条件下,河道岸线也极不稳定,崩岸现象时有发生,边、心滩冲刷更为频繁。为了防止航道条件向不利的方向发展,在长江中下游建造了大量的航道整治建筑物,这些航道整治建筑物在类型上主要为守护型工程,即高滩守护工程(护岸)、边滩守护工程、心滩守护工程等,对部分碍航程度大的河段实施了丁坝类型的调整型工程。

截至 2016 年 12 月 31 日,长江航道局辖区范围内已竣工交付的航道整治建筑物共 423 处。2013 年 9 月至 2018 年 12 月,长江中游荆江河段一期工程已竣工,航道整治建筑物数量约为 500 处。其中,长江中下游径流河段的整治建筑物主要为护滩带、护岸工程,对部分碍航程度较大的河段实施了潜丁坝工程。各项工程类型见表 1.1-1。长江中游荆江航道整治一期工程已完工,整治范围主要包括荆江河段的昌门溪至熊家洲河段,整治工程包括护滩(底)带 34 道、坝体 6 道、深槽护底带 3 道、39 km 高滩守护工程、21 km 护岸加固工程。整体上,长江中下游径流河段的航道整治建筑物以护滩、护岸工程为主。

在已有的研究中,针对单河段岸滩演变与航道条件的关系,实施了以单滩为主的航道治理工程。三峡水库运行后,尤其是自实现 175 m 蓄水以来,长江中下游河道受清水下泄的影响,岸线不稳定,边滩、心滩出现了不同程度的冲刷,影响航道边界条件稳定及航道尺度的进一步提升。主要表现为:弯曲河段凸岸边滩以冲刷为主,使得弯道进口段航道条件趋差;顺直河段边滩冲刷下移,部分河段与岸线分离,形成江心洲,增加了航道条件变化的复杂性;分汊河段洲头低滩冲刷较为明显,增加了汊道进口主流摆动空间,使得汊道分流不稳定;同时,水动力减弱使得进口段碍航程度增加。随着岸滩的冲刷或后退,河道上下游的联动关系得到一定程度的加强,对于联动性强的河段采取单滩治理难以达到预期的航道治理目标;对于联动性相对较弱的河段,由于清水下泄作用的持续,岸滩上下游演变的联动性可能增强。因此,需要掌握岸滩演变的长河段传导效应,采取针对性的航道治理措施,做到提前预防,事半功倍。

1.2.1.1 岸滩演变及上下河势关联性研究

我国水利及地貌学家为丰富和完善河流系统也展开了多方面研究。河道上、中、下游以至河口是一个整体,当外部条件发生巨大改变时,河流将整体作出反应,反应的强弱和快慢与外部条件改变的程度大小及距离远近有关。钱宁(1987)指出河道调整方向主要由两方面决定:床沙质来量和水流挟沙力之间的对比消长决定了河道纵向冲淤;河岸抗冲性和水流冲刷力的对比消长决定了平、断

表 1.1-1 已竣工航道整治建筑物基本情况统计表

序号	航道整治建筑物名称		航道里程(km)	长度(m)	竣工时间
1	长江中游枝江—江口河段航道整治一期工程	水陆洲洲头低滩 L0#护滩带	541.1~542.2	1 231	2013.9
2		水陆洲洲头低滩 L1#护滩带	542	518	2013.9
3		水陆洲洲头低滩 L2#护滩带	541.5	465	2013.9
4		水陆洲洲头低滩 L3#护滩带	541.1	470	2013.9
5		水陆洲洲头备沟锁坝	540.3	93	2013.9
6		水陆洲右缘护岸(含衔接段)	539.8	860	2013.9
7		水陆洲右缘边滩 SH1#护滩带	539.6	260	2013.9
8		水陆洲右缘边滩 SH2#护滩带	539.4	248	2013.9
9		水陆洲右缘边滩 SH3#护滩带	539.3~540.1	235	2013.9
10	长江中游枝江—江口河段航道整治一期工程	张家桃园边滩 ZH1#护滩带	536.6	299	2013.9
11		张家桃园边滩 ZH2#护滩带	536.3	353	2013.9
12		张家桃园边滩 ZH3#护滩带	535.8	353	2013.9
13		张家桃园边滩 ZH4#护滩带	535.5	352	2013.9
14		柳条洲右缘护岸(含衔接段)	525.7	2 382	2013.9
15		吴家渡边滩 WH1#护底带	525.5	215	2013.9
16		吴家渡边滩 WH2#护底带	525	250	2013.9
17		吴家渡边滩 WH3#护底带	524.6	250	2013.9
18		吴家渡边滩 WH4#护底带	524.2	313	2013.9
19		吴家渡边滩 WH5#护底带	525.3~527.3	288	2013.9
20	长江中游沙市河段航道治理腊林洲守护工程	腊林洲护岸	488	3 433	2013.12

续表

序号	航道整治建筑物名称		航道里程(km)	长度(m)	竣工时间
21	长江中游沙市河段航道整治一期工程	三八滩守护工程	479.2	1 324	2012.5
22	长江中游瓦口子航道整治工程	#1护滩带	471.8	566	2011.11
23		#2护滩带	472.6	568	2011.11
24		#3护滩带	473.5	841	2011.11
25	长江中游马家咀水道清淤应急工程	南星洲头护岸		1 625	2003.7
26		#1护滩带	454~455	323	2003.7
27		#2护滩带		478	2003.7
28	长江中游马家咀水道航道整治一期工程	L#1护滩带		890	2010.4
29		L#2护滩带		1 980	2010.4
30		N#1护滩带		1 270	2010.4
31		#4护滩带	472	1 089	2013.11
32		#5护滩带	470.7	805	2013.11
33	长江中游瓦口子—马家咀河段航道整治工程	M#1护滩带	454.5	447	2013.11
34		N#2护滩带	452.8	870	2013.11
35		雷家洲护岸	459	2 300	2013.11
36	长江中游洞天河段航道整治工程	周公堤Z1潜丁坝	427	260.4	2011.1
37		周公堤Z2潜丁坝	426.8	313.4	2011.1
38		周公堤Z3潜丁坝	426.4	299.8	2011.1
39		周公堤Z4潜丁坝	425.7	325	2011.1
40		周公堤Z5潜丁坝	425.4	343.2	2011.1

续表

序号	航道整治建筑物名称		航道里程（km）	长度（m）	竣工时间
41	长江中游周天河段航道整治枢纽工程	周公堤Z6潜丁坝	425.2	309.7	2011.1
42		周公堤Z7潜丁坝	425	349.5	2011.1
43		周公堤Y1潜丁坝	419.2	193.1	2011.1
44		周公堤Y2潜丁坝	418.6	90	2011.1
45		张家榨护脚	426	930	2011.1
46	长江中游周天河段清淤应急工程	#1护滩带	419	420	2002.5
47		#2护滩带	418.6	590	2002.5
48		#3护滩带	418.2	740	2002.5
49		#4护滩带	417.5	850	2002.5
50	长江中游藕池口水道航道整治一期工程	TH#1护滩带	399	377	2013.12
51		TH#2护滩带	398.2	414	2013.12
52		TH#3护滩带	397.6	537	2013.12
53		TH#4护滩带	397	573	2013.12
54		沙坨矶守护工程	398.2	1 050	2013.12
55		天星洲护岸	400	1 284	2013.12
56		天星洲护滩	400	991	2013.12
57		藕池口心滩护岸	392	765	2013.12
58	长江中游碾子湾清淤应急工程	柴码头护岸	373	500	2003.7
59		#1顺格坝	371.6	114.94	2003.7
60		#2丁坝	371.4	59.44	2003.7

续表

航道整治建筑物名称		航道里程(km)	长度(m)	竣工时间
序号				
61	长江中游碛矶子湾清淤应急工程 #3丁坝	371.2	94.48	2003.7
62	#4丁坝	371	123.12	2003.7
63	#10护滩带	372.3	293	2003.7
64	#11护滩带	371.7	293	2003.7
65	#12护滩带	371.2	221	2003.7
66	鲁家湾1 000 m护岸	370	1 000	2003.7
67	长江中游碛矶子湾水道航道整治工程 #5丁坝	370.7	170	2008.4
68	#6丁坝	370.4	211	2008.4
69	#7丁坝	370.1	219	2008.4
70	#8护滩带	373.3	388	2008.4
71	#9护滩带	372.8	367	2008.4
72	#13护滩带	369.6	311	2008.4
73	#14护滩带	369.1	373	2008.4
74	寡妇夹1 000 m护岸	369	1 018	2008.4
75	长江中游窑监河段航道整治一期工程 LH1护滩带	314	2 065	2012.11
76	LH2护滩带	314.9	215.7	2012.11
77	LH3护滩带	314.7	275.2	2012.11
78	LB4刺坝	314.5	328	2012.11
79	LB5刺坝	314.3	415	2012.11
80	LB6刺坝	314.1	521	2012.11

续表

序号	航道整治建筑物名称		航道里程(km)	长度(m)	竣工时间
81	长江中游窑监河段航道整治一期工程	乌龟洲洲头及右缘上段护岸	314	2 510	2012.11
82		乌龟洲右缘中下段至洲尾护岸	314	3 942	2013.11
83		＃2丁坝	198.5	534	2000.5
54		＃3丁坝	197.3	450	2000.5
85		＃4丁坝	196.2	436	2000.5
86		＃5丁坝	195.1	509	2000.5
87		＃6丁坝	194	678	2000.5
88		＃7丁坝	193	506	2000.5
89		＃8丁坝	192	446	2000.5
90	长江中游界牌航道整治工程	＃9丁坝	191	454	2000.5
91		＃10丁坝	198.9	544	2000.5
92		＃11丁坝	188.5	582	2000.5
93		＃12丁坝	187.2	502	2000.5
94		＃13丁坝	186.2	612	2000.5
95		＃14丁坝	185.2	495	2000.5
96		＃15丁坝	184.5	370	2000.5
97		新淤洲鱼嘴	183	1 451	2000.5
98		锁坝	178.3	—	2000.5
99	长江中游陆溪口航道整治工程	陆溪口新洲脊顺坝	157.1	3 740	2011.9
100		陆溪口新洲鱼嘴顺坝	158.5	1 140	2011.9

续表

序号	航道整治建筑物名称		航道里程（km）	长度（m）	竣工时间
101	长江中游陆溪口航道整治工程	陆溪口新洲格坝	158.1	291.5	2011.9
102		陆溪口新洲鱼沟锁坝	157.6	430	2011.9
103		陆溪口中洲护岸	153	1 950	2011.9
104	长江中游嘉鱼—燕子窝河段航道整治工程	复兴洲JR1护滩带	137	1 077	2010.5
105		复兴洲JR2护滩带	137	1 133	2010.5
106		燕子窝心滩YR1护滩带	116.5	1 513	2010.5
107		燕子窝心滩YR2护滩带	116.5	734	2010.5
108		燕子窝YH3护底带	116.5	496	2010.5
109		燕子窝YH4护底带	116.5	408	2010.5
110	长江中游武桥水道航道整治工程	长顺坝	7.5	3 184	2016.9
111		♯1鱼骨坝	6.8	70	2016.9
112		♯2鱼骨坝	6.3	90	2016.9
113		♯3鱼骨坝	5.8	110	2016.9
114		♯4鱼骨坝	4.9	130	2016.9
115		♯5鱼骨坝	4.1	100	2016.9
116	长江下游罗湖洲航道整治工程	东槽洲护岸	971~977	6 100	2008.12
117		L1♯心滩护滩带	977~978	1 110	2008.12
118		S♯1锁坝	977~978	464	2008.12
119		S♯2锁坝	977~978	362	2008.12

续表

序号	航道整治建筑物名称		航道里程(km)	长度(m)	竣工时间
120	长江中游戴家洲一期航道整治工程	鱼骨坝脊坝	930	4 306	2012.1
121		＃1鱼刺坝	934.7	176	2012.1
122		＃2鱼刺坝	934.1	225	2012.1
123		＃3鱼刺坝	933.5	207	2012.1
124		＃4鱼刺坝	933	265	2012.1
125		＃5鱼刺型护滩带	932.4	281	2012.1
126		＃6鱼刺型护滩带	931	302	2012.1
127		＃7鱼刺型护滩带	930.4	348	2012.1
128		脊坝坝根护岸	930	1 257	2012.1
129		新洲头顶部窜沟锁坝	929.8	46.27	2012.1
130	长江中游戴家洲右缘下段守护工程	＃1护底带	921	200	2013.12
131		＃2护底带	920.5	260	2013.12
132		戴家洲右缘下段护岸	924	3 838	2013.12
133	长江中游戴家洲二期航道整治工程	Y＃1潜丁坝	929.5	248	2016.7
134		Y＃2潜丁坝	928.8	303	2016.7
135		Y＃3潜丁坝	928	341	2016.7
136		戴家洲右缘中上段护岸	924	6 118	2016.7
137	长江中游牯牛沙一期航道整治工程	牯牛沙边滩＃1护滩带	901.5	901	2012.1
138		牯牛沙边滩＃2护滩带	901	1 228	2012.1
139		牯牛沙边滩＃3护滩带	900	1 398	2012.1

续表

序号	航道整治建筑物名称		航道里程（km）	长度（m）	竣工时间
140	长江中游武穴水道清淤应急工程	＃1丁坝	833～835	76.5	2006.7
141		＃2丁坝	833～835	83.5	2006.7
142		＃3丁坝	833～835	90.1	2006.7
143		＃4丁坝	833～835	102.1	2006.7
144	长江中游武穴水道航道整治工程	鸭儿洲心滩长顺坝	827～833	5 988	2012.11
145		鸭儿洲心滩护滩带	827～833	450	2012.11
146	长江中游新洲—九江河段航道整治工程	徐家湾边滩 XH1＃	816.5	1 093	2016.11
147		徐家湾边滩 XH2＃	818	1 340	2016.11
148		徐家湾边滩 XH3＃	819.5	1 415	2016.11
149		鳊鱼滩滩头 JT1＃	808～812	2 193	2016.11
150		鳊鱼滩滩头 JT2＃	812	491	2016.11
151		鳊鱼滩滩头 JT3＃	810.5	573	2016.11
152		鳊鱼滩滩头 JT4＃	809.5	514	2016.11
153		新洲尾护岸	819	1 113	2016.11
154		蔡家渡护岸	816.2	2 316	2016.11
155		鳊鱼滩头部及右缘中上段护岸	807.5	2 113	2016.11
156	长江下游张家洲南水道上浅区航道整治工程	梳齿坝、顺坝	775～778	241	2013.12
157		＃1梳齿坝和顺坝	775～778	338	2013.12
158		＃2梳齿坝和顺坝	775～778	432.5	2013.12
159		＃3梳齿坝和顺坝	775～778	1 988	2013.12

续表

序号	航道整治建筑物名称		航道里程(km)	长度(m)	竣工时间
160	长江下游张家洲南水道上浅区航道整治工程	官洲头进口护底带	775~778	400	2013.12
161	长江下游张南水道航道整治工程	L#1丁坝	770~780	275	2007.3
162		L#2丁坝	770~780	511	2007.3
163		L#3丁坝	770~780	428	2007.3
164		L#4丁坝	770~780	548	2007.3
165		L#5丁坝	770~780	553	2007.3
166		L#6丁坝	770~780	513	2007.3
167		R#1护滩带	770~780	527	2007.3
168		R#2护滩带	770~780	176	2007.3
169		官洲尾边滩护岸	770~780	1 090	2007.3
170	长江下游马当南水道航道整治工程	棉外洲头ST1#顺坝	717~730	2 907	2016.12
171		棉外洲头SH1#护滩带	717~730	370	2016.12
172		左槽LH1#护底带	717~730	1 134	2016.12
173		左槽LH2#护底带	717~730	947	2016.12
174		跃进圩护岸	717~730	580	2016.12
175		骨牌洲右缘护岸加固	717~730	6 783	2016.12
176		大板圩护岸	717~730	410	2016.12
177	长江下游马当河段航道整治一期工程	瓜子号洲头ZH2#护滩带	707~715	250	2013.9
178		瓜子号洲头ZH3#护滩带	707~715	425	2013.9
179		瓜子号洲头ZH4#护滩带	707~715	670	2013.9

续表

序号	航道整治建筑物名称		航道里程(km)	长度(m)	竣工时间
180	长江下游马当河段航道整治一期工程	瓜子号洲头 ZH1#护滩带	707~715	1 126	2013.9
181		瓜子号洲头 ZH5#护滩带	707~715	372	2013.9
182		瓜子号洲头 ZH6#护滩带	707~715	428	2013.9
183		瓜子号洲头 ZH7#护滩带	707~715	899	2013.9
184		瓜子号洲头及右缘护岸	707~715	5 233	2013.9
185		左汊 QT1#潜坝	707~715	510	2013.9
186		左汊 QT2#潜坝	707~715	388	2013.9
187		娘娘庙护岸	707~715	774	2013.9
188	长江下游东流水道航道整治工程	#1丁坝	688.2~690.0	462	2010.3
189		#2丁坝	688.2~690.0	606	2010.3
190		#3丁坝	688.2~690.0	708	2010.3
191		玉带洲鱼刺坝	685.6~687.3	1 735	2010.3
192		玉带洲#1鱼刺坝	685.6~687.3	306	2010.3
193		玉带洲#2鱼刺坝	685.6~687.3	543	2010.3
194		玉带洲#3鱼刺坝	685.6~687.3	747	2010.3
195		玉带洲#4鱼刺坝	685.6~687.3	905	2010.3
196		老虎滩#1护滩带	687.8~692.0	3 973	2010.3
197		老虎滩#2护滩带	687.8~692.0	2 560	2010.3
198		老虎滩#3护滩带	687.8~692.0	182	2010.3
199		老虎滩#4护滩带	687.8~692.0	368	2010.3

续表

序号	航道整治建筑物名称		航道里程(km)	长度(m)	竣工时间
200	长江下游东流水道航道整治工程	老虎滩#5护滩带	687.8~692.0	541	2010.3
201		老虎滩#6护滩带	687.8~692.0	732	2010.3
202		老虎滩#7护滩带	687.8~692.0	228.9	2010.3
203		老虎滩#8护滩带	687.8~692.0	248.9	2010.3
204		老虎滩#9护滩带	687.8~692.0	248.4	2010.3
205		老虎滩#10护滩带	687.8~692.0	235.1	2010.3
206		老虎滩#11护滩带	687.8~692.0	1306	2010.3
207		玉带洲护岸	684.7~685.2	736.5	2010.3
208		玉带洲低滩护岸	684.7~685.2	287	2010.3
209	长江下游安庆水道航道整治工程	新洲头#0护滩带	625~632	2490	2014.2
210		新洲头#1护滩带	625~632	2187	2014.2
211		12条透水框架	625~632	3302.72	2014.2
212		新中汊Q#1护底带	625~632	1301	2014.2
213		新中汊Q#2护底带	625~632	1152	2014.2
214		鹅毛洲左缘中段护岸	625~632	849	2014.2
215	长江下游土桥水道航道整治工程	#1护滩带	530~542	102	2012.12
216		#2护滩带	530~542	406	2012.12
217		成氵彦洲护坎	530~542	2177	2012.12
218		#0护底带	530~542	375	2012.12

续表

序号	航道整治建筑物名称		航道里程(km)	长度(m)	竣工时间
219	长江下游土桥水道航道整治工程	#1护底带	530~542	510	2012.12
220		#2护底带	530~542	378	2012.12
221		#3护底带	530~542	292	2012.12
222		#4护底带	530~542	247	2012.12
223		#1锁坝	530~542	334	2012.12
224		#2锁坝	530~542	324	2012.12
225		成德洲护岸	530~542	2 586	2012.12
226		左岸护岸	530~542	3 777	2012.12
227	长江下游黑沙洲水道航道整治工程	#1潜坝	481~485	611.5	2011.9
228		#2潜坝	481~485	463	2011.9
229		#3潜坝	481~485	373.7	2011.9
230		#4潜坝	481~485	443	2011.9
231		心滩护滩带	481~485	1 631	2011.9
232		天然洲头护滩带	481~485	800	2011.9
233	长江下游江心洲—乌江河段航道整治一期工程	牛屯河#1护滩带	415~422	1 120	2012.5
234		牛屯河#2护滩带	415~422	1 302	2012.5
235		牛屯河#3护滩带	415~422	1 256	2012.5
236		彭兴洲头及左缘护岸	415~422	3 668	2012.5
237		江心洲洲头及左缘护岸	415~422	812	2012.5

面变形。孙昭华等人(2006)认为,河流系统具有关联性,系统内部充斥着大量因果链,某因素的变化可造成多方面变异,一个区域内的变化可引发更大范围的调整,上、下游河道之间均存在多层次的耦合。金德生(1990)将河型各方面要素作为因变量,构造出河流地貌系统来分析系统调整过程中的影响因素、消能方式、消能率、作用过程及地貌临界问题等。戴清(2007)以河道输水输沙能力为核心,探讨泥沙冲淤在成因系统中的纽带作用,分析河流变化过程中各因素的关联性,从而架构河流自我调整体系。胡一三(2003)认为,上、下游河道调整的传递作用受到来水来沙条件和河道边界条件的双重影响。余文畴(1987)则认为,由于上、下游河段中间的节点河段具有调节作用,使得下游河段演变具有相对独立性或滞后性,如彭泽—小孤山、蛟矶—芜湖等河段;但从官洲—安庆、芜裕—马鞍山、梅子洲—八卦洲等河段上、下游河势调整的对应情况来看,节点对上游河势调整的传导作用是下游河道演变的主要动因之一。从国内研究现状来看,随着河流系统理论体系的逐步完善,越来越多的学者认识到上、下游河道的河势调整存在关联性,但上游河势调整究竟如何向下游传递、传递要素包括哪些、传递机制如何发挥作用、均尚未得到深入论述。

在上述研究基础上,部分学者提出疑问:上游河势调整是否会一直向下游传递?是否存在某些特殊的河道属性或功能能够将河势调整的传播效应局限于某一区域内,而不影响下游更为广泛的区域?对此,国外一些学者曾提出"河流地貌障碍"(Landform Impediments)的说法,Fryirs等人(2007)提出"buffers(缓冲带)"、"barriers(隔离带)"和"blankets(覆盖层)"三种形式的地貌障碍,它们分别切断了纵向、横向和垂向联系,从而使输沙量衰减来减弱河道冲淤变形。其中,"buffers"阻止泥沙进入河网;"barriers"则阻断进入河网的泥沙沿河道传播;"blankets"遮盖了部分河道地形,使其脱离河网,免受干扰。河流地貌景观的连通性影响着河道输沙及冲淤变形过程,进而决定地貌调整的方向及速率(Sidorchuk,2003),Ferguson(1981)将河流地貌景观的非连通性定义为河道输沙不连续、不流畅,类似于"干燥的传输带"。Brierley和Fryirs(2008)将河道划分为敏感性河段和恢复性河段两类,敏感性河段在应对外部干扰时发生调整的频率较高,相反,恢复性河段则通过吸收多余能量来削弱河道调整幅度。Reid和Brierley(2015)则根据河道的自由移动空间和调整能力的大小将河道敏感程度划分为低、中、高等;Downs和Gregory(1993)也采用地貌敏感度的概念来衡量河道对干扰的敏感性。可见,国外研究注意到不同河道对外部或上游干扰的反应程度存在差异,认为存在某种地貌障碍形式阻止了泥沙正常输移下泄,但均未能充分重视主流摆动波在河流系统整体性反馈调整中的纽带作用,从而未能基于河势调整基本原理,在观察到的上、下游河势调整的关联现象中提炼出联动河段和非联动河段的特征指标。

1.2.1.2 岸滩演变及河势纵向传导机制研究

对于蜿蜒型河道而言,弯道进口持续的动力干扰,是河湾形态得以向下游蠕动的前提条件(Song et al.,2016),通过不断地冲刷凹岸、淤长凸岸边滩和壮大河漫滩,逐渐加深曲折度并使河湾延长,从而将进口动力干扰向下游传递(Schuurman et al.,2016),产生正弦派生曲线(van Dijk et al.,2013)。Zolezzi 等人(2016)研究表明,蜿蜒型河道是平面上具有多空间频率震荡特征的系统,采用连续小波变换方法能够将蜿蜒震荡的能量转化为较短谐波,从而将蜿蜒河段波群变形趋势与动力学中空间调整机制结合起来。van Dijk 等人(2013)的实验研究表明,凝聚力较大的河漫滩有利于增强岸脚稳定性、减少撇弯切滩次数、增加单一河槽的连续侧向迁移率,进而增大河道曲折度。Constantine 等人(2009)采用蜿蜒演变模型将河道迁移率与近岸垂向平均流速关联起来,发现近岸剪切力能够表征河道边界组成的物理特性,可根据河岸侵蚀系数分析河湾历史摆动情况。显然,上述研究是基于河道两岸边界条件不受限制的自由河湾展开的,然而,长江中下游河湾大多数为限制性弯道,发生自然裁弯的可能性很小,弯道对水流具有较好的导流作用(谢鉴衡,1997),有利于归顺不同流量级下或上游不同方向的主流摆动(钱宁,1987)。对于其他河型而言,在上游河势发生调整后,顺直河通过犬牙交错的边滩上提下移,改变主流过渡段的位置来传递河势调整(van Dijk et al.,2013);分汊段则通过改变不同汊道进口的分水分沙比,将上游的地貌不稳定式传播至下游(Schuurman et al.,2016)。相关研究认为,顺直河和弯曲河均为单一河槽,断面窄深,主泓流路单一、迁移率较低;分汊河具有多个河槽,主泓可能在不同汊道之间交替易位,因而对上游河势调整的敏感度较高(Mélodie,2016)。考虑到长江中游河道具有分汊河与单一河交错分布的特征(Song et al.,2016),分汊河发生河势调整后,下游单一河是继续传递上游的河势变化,还是阻隔这种传递作用,对维持下游长河段河势稳定具有重要影响,这也是本研究的实践意义所在。

1.2.2 河流生境与工程关系研究现状

1.2.2.1 河流生物群落及其特征

河流生物群落是指在河流中,由许多个种群共同组成的、具有一定的结构与功能的集合体,它们与环境之间相互作用。河流生物群落主要由水生植物、浮游生物、底栖生物、鱼类等组成。前人的研究表明,在长江中下游湖泊中,浮游植物主要以绿藻和硅藻为主;而大型底栖动物的群落结构及多样性,则存在显著差异。

浮游生物是指在水中能够适应悬浮生活的动植物群落,是一群具有功能的水生生物群落,一般包括两大类,即浮游植物(Phytoplankton)和浮游动物(Zooplankton)。浮游植物也称浮游藻类,在水中营浮游生活,一般分为八个门类,分别为蓝藻门(Cyanophyta)、隐藻门(Cryptophyta)、甲藻门(Pyrrophyta)、金藻门(Chrysophyta)、黄藻门(Xanthophyta)、硅藻门(Bacillariophyta)、裸藻门(Euglenophyta)、绿藻门(Chlorophyta)。浮游植物是水域系统的重要组成部分,是河流生态系统中利用光能转化为化学能的初级生产者,所以,浮游植物群落的变化将直接影响河流生态系统的结构与功能,对河流生态系统的稳定起到至关重要的作用。在河流生态系统中,浮游动物一般包括原生动物、轮虫、枝角类和桡足类四大类。浮游动物亦是水域系统的重要组成部分。一方面,食植性浮游动物以浮游植物为食;另一方面,作为一些水生生物的饵料,浮游动物在水生生态系统的营养关系中,起着承上启下的重要作用。底栖动物是指生活在水体中肉眼可见的动物群落,在淡水生态系统中,一般包括环节动物门、软体动物门、节肢动物门,它们不仅仅可作为鱼类等的天然食料,还可作为环境监测的生物指标。

关于浮游生物和底栖动物的研究,最早起源于国外。自从 1673 年列文虎克用自制的显微镜观察到了轮虫后,英国的汤普森(1828)以及德国的米勒(1845)分别对海洋浮游生物进行了研究。1887 年,由德国生物学家亨森(V. Hensen)首次提出"浮游生物"(Plankton)这一概念,随后又利用定量的方法研究了浮游生物的分布。1889 年,考尔斯(Cowles)开始了对群落结构演替的研究,后来,许多国外学者开始研究水域的浮游生物,利用浮游生物来探讨水体理化因子以及估算生产力。

我国对于浮游生物的研究最早始于中华人民共和国成立后。在 1953—1956 年间,中国科学院水生生物研究所开启了对淡水浮游生物资源和群落的研究。对于长江浮游生物和底栖动物的研究，前人多有调查，例如，林锡芝和胡美琴在 1980—1981 年对长江干流宜宾至吴淞段进行了三次采样，表明长江中游浮游生物群落受多种因素综合影响。吴恢碧等人在 1997—2002 年对长江沙市段的浮游生物进行了调查（在调查结果中，硅藻所占比例最大），并对江水的水质进行了评价。唐毅等人对长江云阳段"四大家鱼"产卵场的浮游植物进行调查，亦发现硅藻所占比例最大，江河汛期的水文情况对浮游植物的种类及现存量有明显的影响。

1.2.2.2 影响河流生物群落的生物和非生物因素

一、生物因素

影响河流生物群落的因素有很多，包括生物因素及非生物因素。生物因素主要是指水体中水生生物之间的相互关系。在水体中，浮游植物作为初级生产者，被食植性浮游动物取食；浮游动物又被处于更高一级的鱼类取食；同时，鱼类亦取食底栖动物，进而对浮游植物产生影响。1986 年，麦奎因（McQueen）等人在研究淡水生态系统中浮游生物之间的营养关系时，提出了"上行—下行"理论，预测了不同营养条件下，对淡水生态系统起控制作用的水生生物以及它们之间的相互关系。浮游植物较低的生物量可能是受大型植食性浮游动物如枝角类的控制。有研究表明，浮游动物对浮游植物的偏好性捕食，会促进其他类型浮游植物的生长，而水体中大型浮游动物数量的增加会导致小型浮游植物数量的相对减少。Chen 和 Xie 研究结果表明，一种藻类的增加（斜生栅藻）可以降低另一种藻类（群体微囊藻）对枝角类的负面影响，张钰等人进一步的研究也表明了这种观点。韩士群等人于 2006 年的研究结果表明，当长肢秀体溞在水体中达到一定的密度就会对水体中浮游动物和浮游植物的种类、现存量等产生显著的影响。杨凯等人的研究结果表明，罗非鱼对浮游植物的生长和群落结构有重要的影响，其营养盐排泄产生的上行效应大于由摄食产生的下行效应，从而促进了浮游植物的生长。江效军等人发现浮游动物的生物量受水库中滤食性鱼类的放养密度的控制。

二、非生物因素

通常认为，影响浮游生物与底栖动物的非生物因素主要是温度、光照、透明度、营养盐等。

（1）温度

温度是影响浮游植物生长的重要水体理化因子，在温带地区，浮游生物季节性变化主要受温度影响。在其他情况适宜、一定范围活动内,浮游植物的代谢活动随温度的升高而上升。实验证明,每种藻类的最适温度不同,一般来讲,它们的最适生长温度大约在 18 ℃到 25 ℃之间,而且,每种浮游植物对水温度变化的适应范围是有限的。Okino 在日本对铜绿微囊藻的研究中发现,在温度大于 20℃的湖泊中才会出现铜绿微囊藻。Cairs 在研究美国宾夕法尼亚州小河中藻类与温度的关系,得出 20℃左右适合硅藻生存,30℃左右适合绿藻生存,40℃左右适合蓝藻生长。

有关研究结果表明,温度能够影响浮游动物在水体中的分布。温度亦能够影响浮游动物机体的自身调节和食物来源,进而影响浮游动物种类及其数量特征,较高温度通常能增加浮游动物的种类数与生物量,浮游动物个体数量与温度之间有显著的相关关系。Gaughan 等人的研究表明,温度影响浮游动物的代谢、生长与繁殖。华东师范大学河口海岸学国家重点实验室研究人员在三峡工程对长江口及其邻近海域的环境和生态系统的影响的研究报告中也表明,水温为影响东海赤潮高发区春季浮游动物生态特征值分布的主要因素之一。白海峰等人在对渭河流域浮游动物群落结构进行研究时发现,水温能够影响渭河流域浮游动物的群落结构组成。杜萍等人在对椒江口浮游动物群落与主要水体理化因子之间的关系进行研究时也发现,温度会对浮游动物群落产生一定的影响。吴利等人在 2011 年的研究中也得出了水温是与武湖浮游动物群落相关性较强的水体理化因子之一的结论。

(2) 光照

浮游植物吸收光能,是浮游植物进行光合作用的必要条件。光因子包括光周期、光质和光强,光周期对浮游植物生长的影响主要是其有明显的时(日、季节)空(深度、纬度)变化,在不同水层中,水体本身以及水体中悬浮物对不同光质的吸收程度不同,光质和光强也不同。一般来说,随着光强的增加,光合速率增加,在达到光饱和点之后,光合速率保持稳定,此时光强再增加,反而会产生抑制作用,光合速率下降。大部分藻类的呼吸强度以及光合速率与光照强度密切相关。

研究表明,河口地区浮游植物将光能转化为化学能并贮藏在体内这一过程主要受光照的影响。不同的藻类对光照的适应程度不同,因此,即使在光强相同的情况下,光合速率也往往不同。通常情况下,在淡水中,低光强下蓝藻为优势种,特别是颤藻。Lavaud 等人研究发现,硅藻对光的适应能力较强,在光照强度变化剧烈的湍流区,硅藻一般为优势种。Soetaert在他的研究中认为,限制西斯海尔德水道(Westerschelde)河口的浮游植物初级生产力的主要因素是光照。浮游植物可以通过调整光的利用效率来适应浑浊状态。某些具有气囊的藻类,在浑浊的水下环境中,既能够下沉来躲避水表层的强光照,又能够在光照弱的情况下上升,以获取更多的光照。

(3) 透明度

透明度能较为直观地反映水质。透明度与水体初级生产力一般呈现出指数负相关关系。浮游植物的密度高,透明度则低,水体有较高的初级生产力。吴洁等人的研究结果表明,当水体透明度提高后,藻类的数量会大大下降。栾青杉等人的研究结果表明,透明度是影响浮游植物分布的主要水体理化因子。林秋奇等人关于流溪河水库水动力学对营养盐和浮游植物分布的影响的研究结果表明,硅藻的密度分布与水体透明度具有较高的相关度,在丰水期,由于受到透明度的强烈控制,硅藻密度处于比较低的水平。水体透明度不仅会对浮游植物产生影响,同时也会对浮游动物产生影响,对浮游动物的影响,一方面是通过影响浮游植物的种类和分布,从而对一些以浮游植物为食的浮游动物产生影响;另一方面是对浮游动物产生直接影响。Modéran等人的研究结果表明,悬浮有机颗粒物明显影响了浮游动物物种的空间分布。David等人的研究结果表明,高的水体混浊度通过限制环境中的营养状况,能够直接对桡足类产生影响,对糠虾产生间接的影响。

(4) 营养盐

营养盐是生态系统的基础物质和能量来源,在同一地区,当其他环境因素一致时,各水体生产力高低主要取决于营养盐类。有研究表明,不同的营养状况下浮游植物的组成和生物量不同。研究表明,控制营养盐的浓度,能够降低浮游植物生物量,从而导致浮游植物群落的变化,丰富的营养盐能够增加浮游植物的生物量以及藻类的种群数量。许多研究表明,在一些淡水湖泊中,氮是影响浮游植物生长的限制因子。但是,不同类型的藻类,细胞内的元素组成存在差异,对各类营养物质的需求也不相同,因此,在不同类型的环境中,会形成不同类型的特征藻类,形成适者生存的群落。营养盐对浮游动物的分布和群落组成也有一定的影响。吴利等人关于春、秋季武湖浮游动物群落特征及其与环境因子的关系的研究结果表明,总磷和总氮是与武湖浮游动物群落相关性较强的影响因子,他们还发现了浮游动物群落的季节性变化与水体的营养状况密切相关。有关研究结果表明，水体内部的富营养化在控制浮游动物种群密度方面扮演着重要角色。

有研究表明，水体中营养盐浓度会影响底栖动物的群落组成以及生物多样性。龚志军等人的研究结果表明，大型底栖动物的物种多样性与营养水平呈现出相反的变化趋势。Beukema等人的研究表明，水体中营养盐浓度高会明显降低底栖动物的生物多样性，在营养盐浓度高的水体中，底栖动物主要以一些耐污物种（如摇蚊幼虫）为主。

(5) 其他环境影响因素

朱延忠等人的研究结果表明，在长江河口临近水域影响浮游动物分布的主要环境因子是盐度。Mouny等人的研究也表明，浮游动物的分布与盐度密切相关。纪焕红、叶属峰的研究结果表明，浮游动物的个体数与生物量存在明显的正相关关系，而生物量则与盐度呈正相关关系，与溶解氧呈负相关关系。杜萍等人的研究结果表明，温度、盐度、溶解氧是影响春秋季椒江口浮游动物分布的主要环境因子。

对于底栖动物，水深也会对其产生一定的影响。吕光俊等人的研究表明，水生昆虫与水深呈负相关关系，随着水深的增加，其密度和种类都会有所下降，当水深超过10 m时，下降的幅度则更加明显。陈其羽在对武汉东湖底栖动物的研究中发现，底栖动物的密度有随水深的增加而递减的趋势。Jeppesen等人的研究表明，底栖动物的生物量在浅水湖泊多于深水湖泊。

1.2.2.3 人类活动对河流生物群落的影响

近年来，随着社会的发展，河流生态受到人类活动的影响越来越强烈，水利水电工程、梯级电站的开发、修建堤坝等，都直接或间接地影响着河流生物群落，它们通过改变河流水量、流速、水温以及含沙量等水文条件，对流域内的生境造成改变，致使水生生物的种类、现存量发生变化，进而对水生态产生了一定的影响。

水利水电工程的运行能够使水生生态系统由异养型的"河流型"演化为自养型的"湖泊型"，水库蓄水后形成的水生生境更有利于水华的暴发。Mueller等人通过对比堤坝上、下游的水生生物以及水生生境，发现河流中的固着群落组成与河流的物理化学变化显著相关，而大型无脊椎动物群落结构在堤坝上游和堤坝下游则明显不同。蒋固政等人通过研究长江防洪工程对珍稀水生生物和鱼类的影响发现，由于人类活动的影响，江豚、白鳍豚等珍稀水生动物的种群数量正在下降。Tiemann 等人的研究表明,堰坝所造成的河边栖息地的改变会对生物完整性产生深刻的影响,降低了底栖鱼类以及大型无脊椎动物的丰富度和多样性。Maloney 等人的研究结果表明,在大坝拆除后,蜉蝣目、毛翅目、襀翅目相对多度增加,而鱼类群落在大坝拆除 3 年后才有部分改变。近年来,随着长江中、上游梯级水库的大规模开发和建设,水体理化性质发生变化,形成新的水文情势,从而对生存在其中的水生生物群落产生一定的影响。

1.2.3　岸滩生态防护措施研究现状

1.2.3.1　国外研究现状

德国首先建立了"近自然河道整治工程"理念,提出河流的整治应满足生命化和植物化的原理(韩玉玲 等,2009)。阿尔卑斯山区的德国、法国、瑞士、斯洛文尼亚等国家,在河道整治领域有着非常成熟的经验。这些国家着手制定实施的河道整治方法及原则,注重河流生态系统效应的完整性;注重河流在三维空间的分布、动物迁徙及生态过程中相互影响的作用;注重河流作为自然生态景观和生物基因库的作用,重点考虑了工程对河流生态系统效应的完整性。德国、瑞士等(Hemphill et al.,1999)于 20 世纪 80 年代提出了"自然型护岸"技术,采用捆材护岸、木沉排、草格栅、干砌石等新型环保护岸结构形式,在大小河道均有广泛的实践,从中发现河道整治不仅应满足工程原理,更要满足生态学理念,不能把河流生态系统从自然生态系统中分离出来。

目前,在欧美更广泛选择的生态护岸技术是土壤生物工程(Soil-bioengineering)。该生物工程的实质是最大限度地利用植被对水体、气候、土壤的作用,实现河岸边坡的稳固。这类技术中比较常见的一般有以下几种。

(1) 土壤保持技术

大都采用植物对岸坡进行遮盖,避免岸坡表面受到水体的直接冲刷及侵蚀。其主要防护方法有遮盖草皮、种植乔灌树木、播种草籽等。

(2) 地表加固技术

重点利用植物庞大的根系吸取土体水分来减小土壤中的孔隙水压力,以获得稳固土体的效果。其常见的技术方法有根系填塞、灌木丛层、枝条篱墙、活枝柴捆、草卷等。

(3) 植被与建筑材料的搭配利用

其常见的技术方法有绿化干砌石墙、植物网箱、植物栅栏、渗透式植被边坡等。

日本主要学习欧美国家的河道边坡治理技术,并以此基础提升优化,主要有植物、石笼网、干砌石、生态混凝土等生态护岸技术,在河道治理工程中取得了很多的突破。日本在20世纪70年代末提出"亲水"的理念(马玲 等,2010),90年代初,又举办了"创造多自然型河川计划"活动,提出了"多自然型河川建设"工程技术,并在新型护岸结构形式方向上做了大量的科学研究。如日本朝仓川(丰桥市)的河道治理工程,以纵横排列的圆木作为坡脚附近的护岸,给水域中各类生物营造了优越的生态空间,在靠近河流的岸坡附近堆上适当大小的天然块石,以抵抗水流不同形式的冲蚀淘刷;鞍流濑川(大府市)的护岸工程,以天然块石作护岸,保证河岸不被洪水冲毁,并在河岸边坡种植芦苇、杨柳等,当上游来洪时杨柳会顺势倒下,对河道行洪条件造成较小的影响,芦苇、菖蒲等水生植物和杨柳一起很好地构筑了河流的生态绿色景观,同时保证昆虫、鱼类等生物有良好的生存空间。

1.2.3.2 国内研究现状

国内生态护岸工程技术以及河流生态修复方向的课题探索起步较晚。20世纪90年代后期,由于国内一些城市及农村的生存空间、生态环境开始遭受到不同程度的破坏,严重影响了人们的正常生活及工作,所以,人们对生态环境有了强烈的保护意识与愿望;同时,受到来自欧美等许多发达国家先进的环保技术及环保理念的影响,我国的水利工作者也开始注重航道整治中河流生态系统的保护,着手研究在水利工程建设中利用生态护岸技术实现河流生态系统的保护。胡海泓(1999)在桂林市漓江旅游景区生态河道治理工程中选择并应用了笼石挡墙、复合植被护坡、网笼垫块护坡3种生态型护岸技术;在唐山市引滦工程中,陈海波(2001)在传统土渠护坡的基础上,将砌筑工程技术与生物工程技术有机结合起来,提出了网格反滤生物组合护坡技术;周跃(2000)通过阐述"土壤-植被系统"的理论原理及其应用,提出了坡面生态护岸技术;丁淼(2009)在坝河水环境整治项目中,倡导"以人为本,宜宽则宽,宜弯则弯,人水相亲,和谐自然"的治河理念;陈明曦等人(2007)认为,生态护岸是以河道自然生态系统为核心,融合防洪效应、生态效应、景观效应和自净效应于一体,以河流动力学为手段而建造的新型水利工程;应翰海(2007)通过种植水生植物的透空块体砌筑成河岸坡面,结合分格梁、柱来提升堤岸结构的整体稳定性,提出了生态河流治理的新方法;曾子等人(2013)通过极限平衡法结合有限元数值计算,提出了基于乔灌木根系加固及柔性石笼网挡墙变形自适应的生态护坡技术。目前,我国应用较广泛的生态护岸技术大致分为以下几类(张曦,2010;陈立强,2014)。

(1) 网石笼结构生态护岸

在生态护岸工程中,加入制作的铁丝网与碎石复合种植基,即由抗锈蚀铁丝网笼碎石、肥料及培养土料组成。发挥其挠性大、能适应岸坡表面变形的特点,用作岸坡护岸以及坡脚护底等,构筑有特定防洪能力并具有高孔隙率、多流速变化带的护岸。如图 1.2-1 所示。

(2) 格宾护岸和雷诺护垫

用经过特别加工程序及材料制作的抗锈钢丝,运用六边形双绞合的方式构造成不同大小网状体,并在网格体里面放满卵砾石,然后叠加一定数量的笼石体而形成挡土墙式的格宾护岸;雷诺护垫则为薄片状,如图 1.2-2 所示。该结构透水性较好,能使陆地与河流中的水体较好地互相交换,为自然生物的繁殖活动提供有利的环境,并能在短时间内恢复已被破坏的自然生态环境,同时该结构也有稳定的抗冲能力。

图 1.2-1 镀锌网石笼结构生态护岸　　图 1.2-2 格宾护岸和雷诺护垫

(3) 植被型生态混凝土护坡(也称绿色混凝土)

其主要部分为多孔质混凝土块体、保水材料、表层土及难溶性肥料。常常在城市河流的护岸工程中应用此生态技术构筑成砌体形式的挡土墙,也可以直接铺设作为护坡结构。如图 1.2-3 所示。

(4) 自嵌植被式的挡土墙

自嵌植被式的挡土墙主要部分有自嵌植被式土块、透水材料、加筋材料及土料。这种护岸结构主要是利用土块块体的重力来抵抗另一侧的动静荷载,以实现稳固的效果。此结构不需要添加混凝土材料,主要依靠不规则块体与块体之间的嵌固作用和自身的重量来控制滑动及倾覆。如图 1.2-4 所示。

图 1.2-3　植被型生态混凝土护坡　　　图 1.2-4　自嵌植被式的挡土墙

（5）自然型护岸

自然型护岸工程形式常见的有自然原型护岸、自然型护岸及多自然型护岸。自然原型护岸主要利用植物枝干来保护岸坡，并铺设能加固岸坡的材料，如土工织物或格栅形混凝土块，具有维持天然岸坡的特点；自然型护岸除了具有原来的植物，还使用了天然块石护坡与圆木料护底，使其提升河岸边坡的抗洪作用；多自然型护岸是在自然型护岸的基础上，再加上混凝土等材料，保证河岸边坡有更强的抗洪作用。

（6）多孔质护岸

多孔质结构形式是一种用混凝土构件制作成带有孔状的适宜动植物生长的护岸的技术，如形态不一的鱼巢块体、箱式结构、鹅卵石连接等结构形式。多孔质护岸结构一般采用预制件，其施工过程简便且快速，不但为动植物的生存及生长提供了适宜的环境，而且还具有较高的结构强度，抗冲性好，对已遭受污染的水体有一定的自然净化效果，是目前生态护岸结构中很有独特性的一种结构形式。

（7）网格反滤生物工程

网格反滤生物组合坡，是在坡面上堆砌成方格状，并在格室内种植固土植物，常见的植物一般有沙棘林、刺槐林、胡枝子、龙须草、油松、黄花、常青藤、蔓草等，在长江中下游地区还可以选用芦苇、野茭白等。该护坡结构的优势在于成本低、见效快、易排水、防冲刷、抗冻胀，为土渠衬砌探索出一门既经济又实用的新技术。

1.2.4　长江中下游四大家鱼水力学特性研究现状

1.2.4.1　水力特性对四大家鱼的影响

河流形态多样性是流域生态系统生境的核心，是生物群落多样性的基础

(董哲仁,2003)。三峡工程运行后,改变了下游河道形态且影响到了水流特性,破坏了四大家鱼的栖息地及产卵环境,导致四大家鱼资源量衰退严重(王尚玉 等,2008;李建 等,2010;Li et al.,2012)。自然界的河流不存在直线或折线形态,都具有蜿蜒性,这是自然河流的重要特征。河流的蜿蜒使其形成主(支)流、浅滩、河湾等水生生境,这可以为鱼类栖息、觅食、繁殖和掩蔽提供有利的生境场所。不同河道形态的水力特性与鱼类栖息地之间显著相关(唐明英 等,1989;Hauer et al.,2008),河道形态和水流特性变化都会对水生生物栖息地和多样性产生严重影响。

描述四大家鱼自然繁殖水流特性的指标为流速、流速梯度、能量坡度、能量损失、动能梯度和弗劳德数等(柏海霞,2015;陈明千 等,2013),具体参数见表1.2-1。

表1.2-1 四大家鱼产卵场水流特征指标

指标	产卵场特征	指标意义
流速(m/s)	0.25	刺激鱼类产卵;反映鱼类产卵的适宜流速;增加水体溶解氧
	0.33~1.50	
流速梯度(1/s)	较大	刺激交配行为的产生;反映水流的复杂程度
能量坡度	变化较大	反映鱼要抵抗水流阻力的大小
能量损失(m)	0.2左右	
动能梯度[J/(kg·m)]	较小	反映水流紊乱程度
弗劳德数	0.1左右	反映水流流态为急流或缓流

四大家鱼的卵具有漂流性,且产后的卵吸水膨胀后比重略大于水,在水流流速较低或静水区域易下沉,导致鱼卵死亡,所以需要一定的水流流速使之悬浮于水中顺水漂流孵化。研究表明,家鱼产卵时的流速范围一般为0.33~1.50 m/s,鱼卵在水中安全漂流的下限流速为0.25 m/s,且需要有足够的漂程和漂流时间,才能保证产卵场持续存在(易伯鲁 等,1988b;唐明英 等,1989;李翀 等,2008;柏海霞,2015)。此外,四大家鱼性腺发育需要足够的溶氧,流速大的地方较流速小的地方水流掺气效果好,水中溶氧也相对较高,但流速过大也会影响鱼类的游泳能力(陈明千 等,2013;龚丽 等,2015)。流速相同的区域,流速梯度不一定相同,流速梯度反映水流的复杂程度,且流速梯度大有利于营养物质的掺混,四大家鱼通常选择流态复杂、流速梯度较大的河段产卵,但流速梯度过大,会形成较大的剪切应力,会对鱼类造成严重的伤害,甚至死亡(Biggs et al.，1998；齐亮 等，2012）。能量坡降、能量损失、动能梯度和弗劳德数在微观尺度上能对水流流态进行定量描述，可以准确地分析产卵场的水流特性，且四大家鱼的产卵环境多为能量坡降变化和能量损失较大或动能梯度和弗劳德数较小的河段（李建 等，2010；柏海霞，2015）。

通常四大家鱼的产卵场大多位于地形较为复杂的河段，如河段形态为顺直型、弯曲型、分汊型和矶头型。顺直型河段外形顺直或略有弯曲，两岸分布着交错边滩，深槽与浅滩沿程相间，但水深相差不大；弯曲型河段凹岸为深槽，凸岸为边滩，水流经弯曲河道，受离心力作用，表层水流流向凹岸，底部水流流向凸岸，形成弯道环流，水流流态会变得极其复杂；分汊型河段的特征为河道平面形态被分成若干条汊道，各个汊道之间为稳定的江心洲，汊道内水流湍急，在长江中下游城陵矶至江阴段内，分汊河段就有41处；矶头型河段的特征为河道突然收缩，水流集中在河道主泓处，矶头两端水流易出现漩涡，流速梯度较大，动能梯度小（柏明霞，2015）。与顺直型河段相比，四大家鱼更偏好在流态更加复杂的弯曲、分汊和矶头型等易于形成产卵所需的流速刺激的河道环境中繁殖，极少有产卵场位于顺直型河段（李建 等，2010）。在长江水位上涨时，水流在这些复杂的河段处易形成"泡漩水"（即水流上下翻滚、垂直交流），使产后的卵不致下沉，保证卵的正常受精和孵化（陈永柏 等，2009）。

据易伯鲁等人（1988a）的研究可知，长江干流四大家鱼产卵的平均流速为0.95～1.3 m/s；中国科学院水生生物研究所刘建康院士在其1992年主编的《中国淡水鱼类养殖学》中提出，长江干流鱼类产卵所需的最小流速为1～1.5 m/s。易雨君等人（2011）认为，四大家鱼产卵偏好流速为0.2～0.9 m/s，当流速小于0.2 m/s时，漂流性卵开始下沉，当流速小于0.1 m/s时，所有卵就会全部下沉。李建等人（2010）认为，长江中游宜昌至枝江河段四大家鱼4～6月份产卵期间的最小生态流量为4 570 m³/s，适宜生态流量范围为12 000～15 500 m³/s。郭文献等人（2011）研究认为，长江中游夷陵长江大桥至虎牙滩四大家鱼产卵期适宜环境流量为7 500～12 500 m³/s，最适宜环境流量为10 000 m³/s。

1.2.4.2 水文特性对四大家鱼的影响

四大家鱼的产卵繁殖与涨水、水温等水文特性有关，涨水会伴随着水位升高、流量增大和水体透明度减小等变化。家鱼产卵绝大多数发生在涨水期间，在涨水后大约0.5～2.0 d开始产卵，涨水是由流量增大导致的结果，在流量增大的同时也伴随着水流流速增大，流速增大的过程会刺激亲鱼产卵（易伯鲁等,1988b)。但并不是所有产卵行为都发生在涨水中,家鱼产卵前需要足够的涨水刺激时间,刺激时间与流速有关,流速越大,需要的时间越短,反之时间越长,当水位下降,流速减小时,产卵活动大都停止(王尚玉 等,2008;陈永柏 等,2009)。研究表明,四大家鱼的产卵规模与涨水持续时间呈显著正相关,即涨水持续时间越长,产卵量越大(李修峰 等,2006;彭期冬 等,2012)。四大家鱼属典型的产漂流性卵鱼类,其成熟亲鱼排卵受精活动绝大多数在涨水期间进行,为了分析四大家鱼自然繁殖对涨水条件的需求,有学者提出了长江中游四大家鱼发江生态水文目标为5—6月的总涨水日数维持在22.1 ± 7.2 d(李翀 等,2006)。当坝泄流量为10 000~15 000 m³/s时,四大家鱼产卵栖息地具有较高的适宜度;在流量基数为10 000~15 000 m³/s,日均流量增长率为1 000~1 500 m³/s时,四大家鱼产卵栖息地同样有较高的产卵栖息适宜度(王煜 等,2016)。有学者在一维模型模拟的1997—2006年水文过程基础上,分析四大家鱼产卵期内产卵场断面的生态水文指标,认为四大家鱼繁殖期环境流量适宜在8 000~15 000 m³/s,涨水率适宜在1 400~3 000 m³/s,持续时间在3~8 d为宜。

水温是影响家鱼繁殖的重要因子,适合家鱼产卵的水温为18℃~24℃,且当水温低于18℃时,产卵停止,所以可以把18℃作为家鱼产卵的下限温度(郭文献 等,2011;Li et al.,2012)。根据秭归站在1982年观测的结果,4月28日—7月5日的水温变动在20.3℃~26.8℃,而5次产卵江汛的水温是在21.0℃~26.2℃(陈永柏 等,2009;易伯鲁 等,1988b)。此外,四大家鱼胚胎发育存活的水温为18℃~30℃,适宜温度为22℃~28℃,当温度低于18℃或高于30℃时,会导致胚胎发育停滞或产生畸形而死亡(陈永柏 等,2009;彭期冬 等,2012)。由于三峡水库蓄水,水库干流存在明显的"滞温效应",坝下水温在四大家鱼产卵繁殖期(4—6月)达到18℃时推迟,导致家鱼产卵时间也向后推迟(彭期冬 等,2012;刘流,2012)。三峡水库在2011年开展了针对促进四大家鱼自然繁殖的试验性生态调度(陆佑楣 等,2010),从6月16日起,下泄流量保持每天约2 000 m³/s的增幅,形成持续4 d的涨水过程。试验期间,宜都江段出现1次家鱼产卵过程,产卵径流量为0.22亿粒。

除了涨水和水温外,严重的气体过饱和也会影响四大家鱼的自然繁殖。三峡水库泄洪时,下泄水体会掺带大量气体,使下游水体中总溶解气体(Total Dissolved Gas,简称TDG)过饱和。鱼是靠鳃来吸取氧,家鱼在吸取氧气的同时,水体中的过饱和气体也会被吸入家鱼的血液中,在压力恢复等条件下,过饱和气体就会从溶解状态恢复到气体状态,析出的气泡会堵塞血管,导致家鱼患气泡病甚至死亡(曲璐 等,2011;彭期冬 等,2012;董杰英 等,2012)。

1.2.5 航道整治工程与四大家鱼生态水力学关系研究

1.2.5.1 整治工程对鱼类影响分类

航道整治工程通常不会改变河道流量和输沙量,对鱼类影响可分为短期影响和长期影响。

短期影响分为施工期污染性影响和物理性影响,污染性影响如施工期生产、生活污水,可通过污水收集处理;物理影响如水下炸礁,可采用钻爆及延时爆破等新工艺,还可采用控制施工时序、规模、工艺,减缓整治区域悬浮物浓度等措施,降低对鱼类的影响。

长期影响主要是工程区域鱼类产卵场以及相关栖息因子变化。如长江四大家鱼产漂浮性鱼卵,其产卵场需河道有合适的水流流速并有能连续漂浮一定距离的通道;而产黏、沉性卵的鱼类产卵场主要分布在河道弯曲或宽阔的湿地以及洲滩周缘地区,以草基、石基作介质,鱼卵孵出后多在饵料资源丰富的浅滩觅食,沿岸浅滩附近也是鱼类的主要索饵场。航道整治占用滩地植被,掩埋或压覆底栖生物,在一定程度上改变了河道形态、水文条件和河床基质等,使鱼类产卵场的功能发生变化或丧失(李向阳 等,2015)。

航道整治对鱼类产卵场影响主要有如下几种(李向阳 等,2015):水下炸礁使急流性鱼类产卵场面积缩小甚至消失;水下疏浚降低河道水流流速并导致鱼类产卵场基质发生变化;洲滩或边滩切削减少部分鱼类栖息空间;护岸、护滩及筑坝改变河岸、河床原有底质,压覆底栖生物,损毁水生植物,筑坝还会改变工程区附近水文情势、泥沙冲淤等,局部形成急流区或缓流区。通常各类筑坝对漂流性鱼类产卵场流态影响小,但河床基质改变、水草匮乏不利于黏性卵或沉性卵鱼类存活,筑坝还会使河流非主流支汊水流归槽,导致浅滩湿地平水季节可能出现干枯,降低河岸湿地功能,减少鱼类繁殖栖息空间。

1.2.5.2 长江中下游已建整治工程对鱼类影响

长江中游已实施了荆江河段航道整治一期工程,研究者通过比较工程前后的生态环境监测结果,从整治工程对河段功能的影响来看,目前实施的航道整治工程在提高河流航运功能的同时并没有损害河流其他功能,可认为是一种"生态化"整治工程(倪晋仁 等,2017)。四面六边透水框架在长江航道整治工程中开始得到广泛应用,透水框架群具有减速、导流、消能作用,从而达到保护堤岸、稳定坡脚、减小冲刷坑深度、淤临造滩、控导河势等目的(徐国宾 等,1994;徐国宾 等,2006;汪奇峰,2013)。长江中下游的航道整治工程中大量采用了四面体透水框架群,瓦口子金城洲、太平口腊林洲区域回声探测仪和双频识别声呐对鱼类出现频次的监测结果显示,工程淹没区是对照区的 1.18 倍,而工程半淹没区却是对照区的 0.85 倍,说明处于水下的四面六边透水框架群对鱼类具有一定的诱集作用(郭杰 等,2015;王珂 等,2017)。在长江中下游的水陆洲、三八滩、金城洲和牯牛沙区域的航道整治工程中,采用了大量的四面体透水框架结构,现场监测表明(李莎 等,2015):透水框架工程区底栖动物种类丰度、密度、生物量和多样性指数表现出高于对照区的趋势,表明透水框架工程区群落结构较复杂并提高了底栖动物的多样性,可能与透水框架群能降低河水流速、减小河水对底质的冲刷有关。在航道护滩护底工程实施的过程中,会对水生生物产生一定的负面影响,工程实施后,部分区域的生物多样性会逐渐恢复(陈会东 等,2010;杨芳丽 等,2012)。

1.3 本书主要特色

本研究以长江中下游河段岸滩为研究对象,目的是解决大型冲积河流航道整治中的岸滩演变及长河段传导机理、生态航道建设框架、岸滩生态模拟技术、岸滩生态控导理论与技术,形成一套自主创新、适用于长江中下游河段航道特点的航道整治理论方法和关键技术。取得的主要进展如下。

(1) 提出了基于河流联动属性划分的岸滩控导原则,综合生态环境要素,建立了岸滩生态控导理论框架。

长江中下游冲积河流主要为沙质河床,岸滩的稳定性相对较差,极易发生岸滩失稳现象。以往研究主要侧重于崩岸或是单河段岸滩失稳对航道条件的影响,对长河段岸滩演变的传导机制的研究不清晰。随着流域生态环境保护越来越受重视,航道岸滩控导工程需与生态环境保护协同,亟须建立岸滩生态控导理论框架体系。主要创新成果如下。

① 揭示了长河段岸滩失稳与上、下游河势联动关系的响应机理;科学划分了河流联动性基本属性。

② 基于深部岩体等级块系构造理论,建立了摆型波传播的动力模型,提出了

基于河流联动属性划分的岸滩控导原则。

③ 综合考虑岸滩植被分选、鱼类生态水力学指标、底栖生物等参数,提出了长江中下游岸滩生态控导技术框架。

(2) 基于四大家鱼生态水力学指标,改进了航道工程物理模型和数学模型,研发了鱼卵漂移与沉降数学模型,优化了水库生态调度模型,建立了岸滩生态控导生态水力学模拟技术体系。

传统的航道整治工程,主要强调航道条件的改善效果,在生态方面主要是改善枯水平台以上的生态效果。随着长江流域生态保护越来越受重视,航道整治工程必须综合考虑水上工程的生态性,还需考虑工程与流域生态环境的协调性。针对长江中下游航道整治工程与水生态环境的关系,亟须明晰航道整治工程与浮游生物、底栖生物、四大家鱼生态水力学指标等互馈关系。取得的主要创新成果如下。

① 识别了长江中下游四大家鱼"三场一通道"生态水力学指标,确定了四大家鱼适宜度分布曲线。

② 建立了水库调度的鱼卵漂移数学模型,评价了主要产卵场对水库调度的响应,确定了重点滩段的生态基础流量。

③ 结合四大家鱼生态水力学敏感指标,优化航道工程物理模型试验组次及监测内容,改进了航道工程数学模型参数。

(3) 提出了岸滩控导建筑物布置原则与方法,优化了工程布置及主尺度参数,跟踪分析工程的生态学效果,形成了长江中下游岸滩生态控导理论与技术。

在工程实践中,传统航道治理工程侧重于航道条件的保障,随着流域生态环境保护要求的提高,更应注重岸滩控导工程的生态学效果。主要创新性成果如下。

① 基于长河段岸滩联动指标方法,提出了岸滩控导工程平面布置原则。

② 结合四大家鱼、底栖生物等生态水力学指标,明确了岸滩控导工程平面布置及主尺度与生态水力学指标之间的协同关系,优化了工程布置及主尺度参数。

③ 通过现场跟踪监测表明,水文变动区植被丰度增加,人工鱼礁、鱼巢砖、透水框架群附近具有显著的集鱼及底栖恢复效应,岸滩控导结构与工程具有较好的生态学效应。

第 2 章

长江中下游岸滩生态控导思路与技术框架

2.1 岸滩生态控导思路

长江中下游河段的生态保护区多，环境保护要求高。针对航道治理与生态保护相融合的治理技术不成熟的问题，航道与河道治理工程首次从河流系统功能和航运功能相协调的角度，在识别河床水生生境、岸滩植被生长与航道整治工程的响应关系的基础上，研发了系列生态环保的航道整治建筑物新结构及工艺；通过建立施工全过程的生态监控体系，提出了建设期生态风险防范和防护措施，维护了生态保护区内整治河段水域、陆域生态的完整。长江中下游河段生态航道建设为长江黄金水道"绿色整治"提供了示范。

2.1.1 生态航道思路

随着受损河流生态系统修复和河流系统健康维护理念逐渐深入人心，传统航道整治工程对生态环境的影响受到广泛关注，引进和开发"生态化"航道建设的工程技术越来越受到重视。然而，由于缺乏生态航道的理论指导，难以有效进行生态航道建设的顶层设计，使得对"生态"的理解表面化、片面化，较多关注航道两岸景观的"绿化"和"美化"。

长江中下游航道治理首次从河流系统功能和航运功能相协调的角度，提出了生态航道的基本要素既包括与航道直接相关的位置、尺度和形态，以及水沙条件、河床冲淤状况等，还包括河道、物质通量（非生物的、生物群落以及工程构筑物等）；深入研究航运功能和河流生态等功能的关系，提出遵循自然法则的生态航道建设思路，兼顾生物多样性保护与敏感目标保护、景观美化、利益相关者有效参与等原则，实现航道、河道工程与生态环境的协调。

2.1.2 生态航道整治建筑物新结构、新工艺

荆江河段是三峡工程下游最近的沙质河床河段，水土流失较为严重，鱼类众多。为提高航道工程的生态效益，荆江工程结合环保部门对自然保护区、水生资源、鱼类资源和岸滩植被保护等要求，研究了河床水生生境、岸滩植被生长与航道整治工程的响应关系，开展了水生生境修复技术研究，从生态护滩、生态护岸、生境融入等方面研发了植入型生态固滩结构、植生型钢丝网格护坡结构、鱼巢砖护底结构、生态型压载结构等系列符合环保要求的航道整治生态型结

构。如图 2.1-1 所示。

(a) 植入型生态固滩结构　　　　(b) 植生型钢丝网格护坡结构

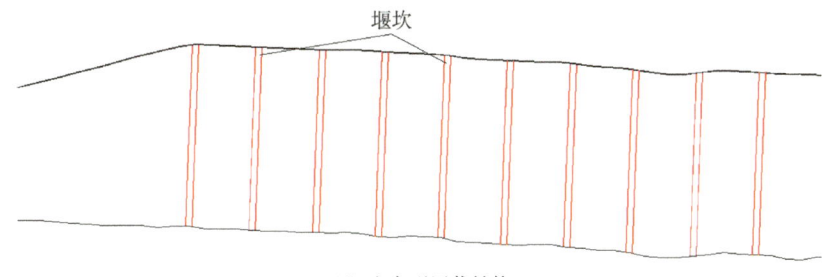

(c) 鱼巢砖护底结构

(d) 生态型压载结构

图 2.1-1　航道典型生态结构图

植入型生态固滩结构在倒口窑心滩左缘局部实施 1 年后，在保障滩体稳定的同时，设计的土壤基质改良方法满足植被生长需要，植被生长良好，植被的总体覆盖度达到了 95% 以上，基本实现了工程区的全覆盖。

植生型钢丝网格护坡结构在周天河段的张家榨高滩守护工程中进行了试验，是将土、种子等放在钢丝网格内部并采用加筋三维网垫盖面，增强了保土效果，在护坡水位变动区的绿化效果相较于普通钢丝网格大为改善。

鱼巢砖为空腔结构，应用于大马洲水道丙寅洲高滩和斗湖堤水道江陵高滩的水下护底后，既保证了护岸结构的稳定，又促进了水流紊动，从而能增加水中的溶解氧,为鱼类的生活提供了栖息场所,鱼类群落密度较高,增加了河流生态系统的多样性。

生态型压载结构是采取堰坎的布置方式(间隔一定距离设置一定宽度和厚度的抛石体)促进泥沙落淤,有利于水生生境的恢复。大马洲水道实施该结构后,随着施工的结束,浮游植物与浮游动物群落结构及现存量的恢复效果良好。

2.1.3 施工全过程生态监控与防护体系

生态监测体系的建立是河道生态现状及分析、生态防护措施提出的基础,生态防护措施的提出,则为工程生态影响得以有效控制提供了支撑。

荆江工程项目开工后,按照环评报告及环评批复的要求对项目施工期内及施工范围内的环境空气、噪声、水质进行监测。监测采取定期和不定期检查性监测相结合的方式,监测重点环境因素为水环境、噪声和大气。

荆江工程积极采取建设期生态风险防范措施,如在工程河段取水口附近水域及各保护区水域施工进场前与水厂和保护区取得联系,制定了取水口保护方案,并经水厂确认后方才开工,施工期间,取水口附近设置了防污屏、围油栏。荆江工程沿线的荆州海事局、宜昌海事局及岳阳海事局结合航标工程中的指路牌、地名牌,对航道两侧饮用水源取水口位置进行标示,提醒过往船舶加强安全意识,避免船舶溢液事故对取水口的污染。在集中式饮用水源取水口附近水域,禁止通航船舶锚泊、过驳或排放污染物;航道沿线设立警示牌提醒过往船舶加强安全意识。在行轮遇上中雾、浓雾时,停航"扎雾";要求各类船舶在发生紧急事件时应立即采取必要的措施,同时向事故应急中心及有关单位报告。而且,长江航道局根据职责配合荆州海事局、宜昌海事局及岳阳海事局依据有关法律、法规,加强对航道及通航船舶的管制,特别是危险品运输船舶及码头的日常管理,杜绝事故隐患,避免船舶发生碰撞、事故溢液的污染影响,避免和降低事故溢液对沿线取水口水质的污染。

监测结果表明,施工期间,预制场界噪声值未超过建筑施工场界噪声限值,声环境敏感点质量较好地控制在标准范围内。工程施工未造成施工断面及取水口的水质超标,施工断面及取水口附近沉积物 Cu、Pb、Zn、Cd、Hg 含量均符合《土壤环境质量标准》二级标准,预制场界废气无组织排放监测指标 TSP、SO_2、NO_2 均符合《大气污染物综合排放标准》GB 16297—1996 二级标准中无组织排放监控浓度限值要求,表明荆江工程生态防护措施取得了较好的生态防护效果。

2.2 航道岸滩控导原则与关键技术

长江中下游河段浅滩分布广泛，河道上下游岸滩演变的关联性强。其中，荆江河段航道治理不仅面临三峡工程蓄水运行后水沙运动和滩槽调整的整体性和联动性更加突出的问题，还面临防洪压力大、外部环境复杂的问题。为了解决传统的单滩治理思路和方法不适应新水沙条件下长河段系统整治需要的难题，荆江工程在研究掌握上下游水道之间、滩槽之间演变关系的基础上，提出了三峡工程下游长河段系统整治原则与思路，形成了航道滩槽联动性的岸滩控导工程新技术，为长江中下游河段航道整治工程的实施提供了技术支撑。

2.2.1 基于河流属性的航道岸滩控导原则

长江中下游航道整治主要以局部碍航浅滩整治为主。其中，荆江河段水沙条件、河床组成、河型分类、河床演变特点以及河道碍航特性均有较强共性，长河段的系统治理较为必要。长江中下游长河段系统治理必须在整体分析河段内水沙条件、演变规律及趋势、碍航特性的基础上，整治重点碍航浅滩和加强控制守护滩槽格局相结合，改善航道条件与遏制三峡水库蓄水后普遍出现的不利变化趋势相结合，提高航道尺度与减少水位下降相结合，上下兼顾、系统布局，整体实现治理目标。因此，治理原则的提出不仅要服务于目前航道尺度目标，还要兼顾将来航道尺度的发展，既要考虑单滩治理，也要考虑整个河段的治理，还要兼顾防洪、环境影响等。

基于长河段岸滩演变的联动性与传导过程的研究，将河段划分为非联动河段、非联动河段向联动河段转化、联动河段向非联动河段转化、强联动河段4类，治理难度依次增加，实施岸滩控导工程的平面布置、建筑物尺度及结构不同。具体划分的框架如图2.2-1所示。

2.2.2 航道岸滩生态控导技术框架

长江中下游河段河型复杂，河漫滩、江心洲、低矮心滩及边滩广泛分布，起着束缚水流、控制河床边界的作用，其冲刷变化往往会威胁到河道防洪和通航安全。三峡蓄水后，长江中下游河道冲刷强烈，洲滩守护难度加大，防护工程破

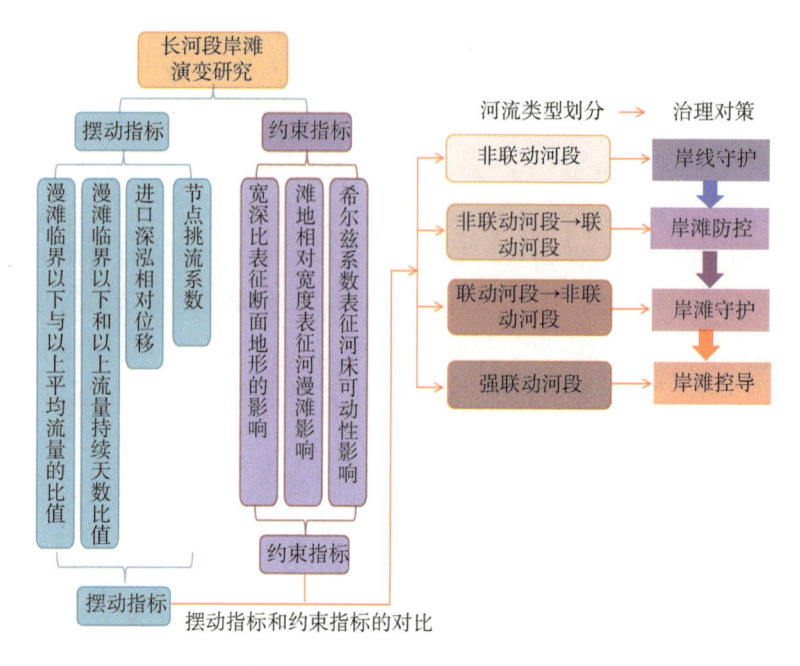

图 2.2-1　基于长河段岸滩联动关系的治理思路与原则

坏不断发生，现有洲滩防护技术系统性和完整性不足，新水沙条件下长河段岸滩控导治理理论与技术系统仍有待建立。

长江中下游航道在不同类型洲滩防护形式（护底工程、护滩工程、高滩守护工程）的水动力及冲淤特性的基础上，明确了工程的防护效应，完善了洲滩守护工程设计体系，提出了适应于清水冲刷条件的深槽护底以及边（心）滩、高滩守护新方法，形成了新水沙条件下长河段岸滩控导工程治理理论与技术体系。

研究成果为工程整治效益提高，以及施工效率及精度提升提供了基础。长江中下游河段航道工程形成的护底加糙、边滩守护、心滩守护、高滩守护等岸滩控导工程新理论与技术，分别应用于长江中游荆江河段（江口水道、太平口水道、藕池口水道、大马洲等水道）、戴家洲河段、东北水道、芜裕河段、江乌河段等航道整治工程。工程实施后，河段心（边）滩得以有效守护，高滩崩退趋势得以缓解，航槽冲深，长河段滩槽格局整体稳定。工程实施前后的现场监测表明，浮游植物、浮游动物、底栖生物等得到了显著的恢复，取得了较好的生态学效果，其中，荆江河段一期工程被评为交通运输部"生态航道"示范工程。如图 2.2-2 所示。

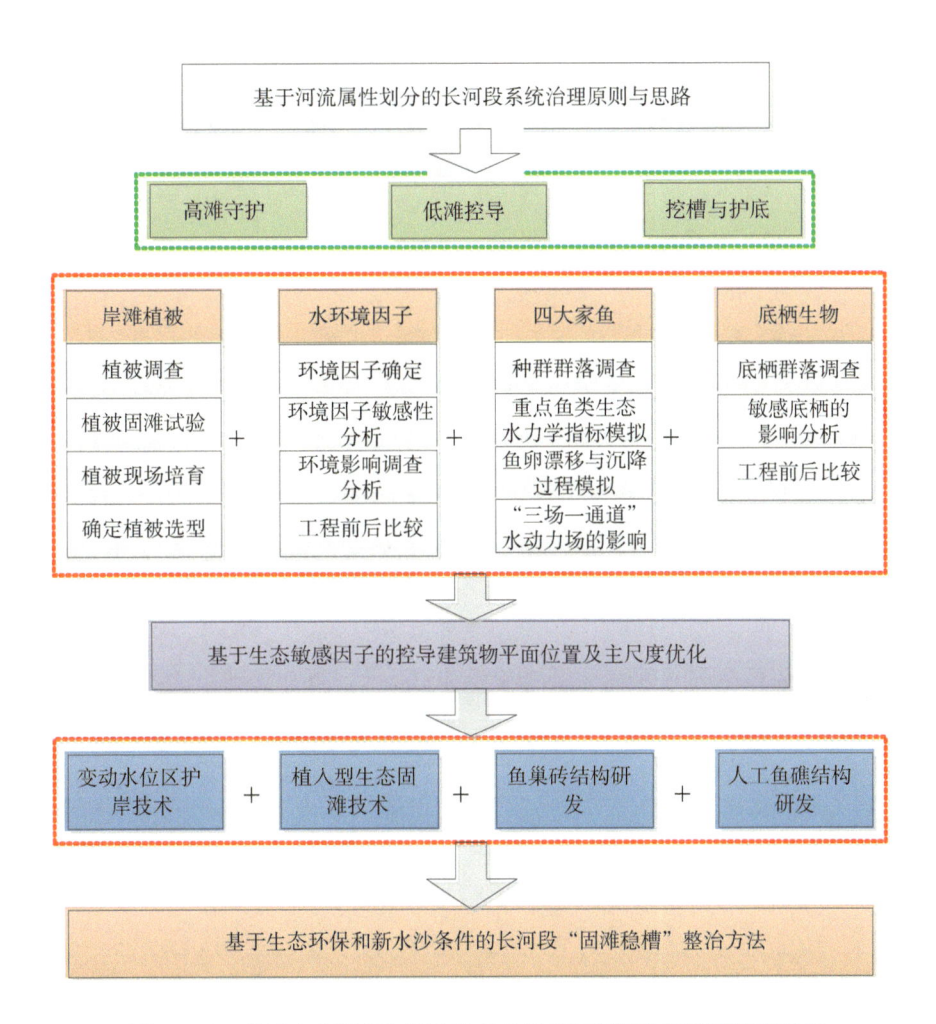

第 2 章
长江中下游岸滩生态控导思路与技术框架

```
           基于河流属性划分的长河段系统治理原则与思路
                              ↓
        ┌─────────────────────────────────────────────┐
        │   高滩守护      低滩控导        挖槽与护底    │
        └─────────────────────────────────────────────┘

┌──────────────────────────────────────────────────────────────┐
│   岸滩植被          水环境因子         四大家鱼         底栖生物   │
│                                                              │
│   植被调查          环境因子确定       种群群落调查     底栖群落调查 │
│   植被固滩试验  +   环境因子敏感性 +   重点鱼类生态  +  敏感底栖的  │
│   植被现场培育      分析              水力学指标模拟    影响分析   │
│   确定植被选型      环境影响调查       鱼卵漂移与沉降   工程前后比较 │
│                    分析              过程模拟                  │
│                    工程前后比较       "三场一通道"             │
│                                     水动力场的影响            │
└──────────────────────────────────────────────────────────────┘
                              ↓
           基于生态敏感因子的控导建筑物平面位置及主尺度优化
                              ↓
┌──────────────────────────────────────────────────────────────┐
│  变动水位区护   +  植入型生态固  +  鱼巢砖结构研  +  人工鱼礁结构 │
│  岸技术           滩技术           发              研发         │
└──────────────────────────────────────────────────────────────┘
                              ↓
        基于生态环保和新水沙条件的长河段"固滩稳槽"整治方法
```

图 2.2-2 基于生态环保和新水沙条件的长河段"固滩稳槽"治理思路

第 3 章

长江中下游岸滩演变及长河段传导机理研究

3.1 长江中下游河道滩槽调整特点研究

3.1.1 河道整体的冲淤变化

3.1.1.1 计算方法

依据河道的水位-流量关系,确定枯水位、基本水位及平滩水位,对应的河槽为枯水河槽、基本河槽和平滩河槽,其中枯水河槽为河道深槽,枯水河槽与基本河槽之间为低滩,基本河槽与平滩河槽之间为高滩(图3.1-1)。在地形上沿程切割断面,计算河道内上、下游断面过水面积 A_i 和 A_{i+1} (公式3.1-1)。

$$A_i = \frac{(h_i + h_{i+1} + \sqrt{h_i h_{i+1}}) \times b_i}{3}, i = 0,1,2,3\cdots m \quad (3.1\text{-}1)$$

利用截锥法公式(3.1-2),计算上、下游断面间相应水位下的河槽容积 V_j [图3.1-1(d)],得到河槽总容积(公式3.1-3)。

$$V_j = \frac{(A_j + A_{j+1} + \sqrt{A_j A_{j+1}}) \times L_j}{3}, j = 0,1,2,3\cdots n \quad (3.1\text{-}2)$$

$$V = \sum V_j \quad (3.1\text{-}3)$$

计算两年份地形的河槽容积 V_1 和 V_2,差值得到两年份地形的河槽容积变化量 ΔV,得到时段(T)内单位河长(L)的河槽冲淤强度(公式3.1-4)。

$$V_{\text{冲淤强度}} = \frac{V_2 - V_1}{L_{length\ river} \times T} \quad (3.1\text{-}4)$$

3.1.1.2 河道冲淤量计算

2002年10月至2016年10月,宜昌—湖口河段枯水、平滩河槽总冲刷量分别为19.70×10⁸ m³和18.51×10⁸ m³(其中,荆江河段/汉口—湖口河段,未包含2016年平滩河槽冲刷量),对应冲刷强度为14.77×10⁴ m³(km·a)⁻¹和12.16×10⁴ m³(km·a)⁻¹(表3.1-1~表3.1-3,图3.1-2)。2002年10月至2016年10月,宜昌—枝城河段、上荆江、下荆江、城陵矶—武汉河段、武汉—湖口河段枯水河槽冲刷量分别为1.50×10⁸ m³、5.22×10⁸ m³、3.18×10⁸ m³、4.45×10⁸ m³和5.35×10⁸ m³,冲刷强度为18.16×10⁴ m³(km·a)⁻¹、21.71×10⁴ m³(km·a)⁻¹、

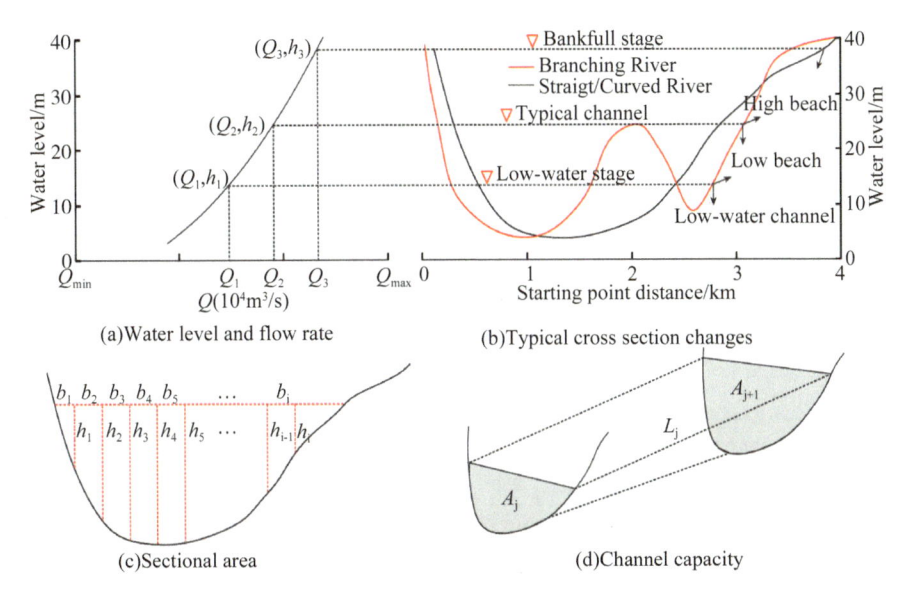

图 3.1-1　河道冲淤量计算示意图

12.95×10⁴ m³(km·a)⁻¹、12.68×10⁴ m³(km·a)⁻¹和12.93×10⁴ m³(km·a)⁻¹,其中,上荆江河段最大,宜昌—枝城河段次之,城陵矶—武汉河段最小。利用2002年10月至2012年10月期间(10年)冲刷强度与预测值进行比较,三峡水库蓄水后,坝下游河道实际冲刷强度高于预测值,城陵矶—湖口河段出现了淤积与冲刷的趋势性相反的现象。2016年10月、2008年10月与2002年10月相比较,坝下游宜昌—城陵矶河段(410 km)内深泓为整体平均下切1.50 m和1.12 m,其中坝下游宜昌—枝城河段(约60 km)下切2.98 m和2.25 m;2016年10月、2008年10月与2002年10月相比较,城陵矶—湖口河段分别下切0.15 m和0.11 m(表3.1-1～表3.1-3,图3.1-2)。

表 3.1-1　宜昌—湖口河段枯水河槽冲淤量统计表

河段	宜昌—枝城	上荆江	下荆江	城陵矶—汉口	汉口—湖口
河段长度/km	59	171.7	175.5	251	295.4
2002—2003	−2 911	−2 300	−4 100	−1 415	7 219
2003—2004	−1 641	−3 900	−5 100	1 033	1 638
2004—2005	−2 173	−4 103	−2 277	−4 742	−13 705
2005—2006	−45	895	−2 761	2 071	889

续表

河段	宜昌—枝城	上荆江	下荆江	城陵矶—汉口	汉口—湖口
2006—2007	−2 199	−4 240	−659	−3 443	1 343
2007—2008	−218	−623	−62	−104	−3 284
2008—2009	−1 286	−2 612	−4 996	−383	−8 877
2009—2010	−1 112	−3 649	−1 280	−3 349	−3 017
2010—2011	−784	−6 210	−1 733	1 204	−7 331
2011—2012	−813	−3 394	−656	−2 499	−5 328
2012—2013	−1227	−5 840	−1 699	3 334	1 063
2013—2014		−5 167	−2 491	−13 523	−9 410
2014—2015	−593	−3 054	−1 514	−2 991	−3 549
2015—2016		−7 980	−2 505	−19 742	−11 127
合计	−15 002	−52 177	−31 833	−44 549	−53 476

表 3.1-2　宜昌—湖口河段基本河槽冲淤量统计表

河段	宜昌—枝城	上荆江	下荆江	城陵矶—汉口	汉口—湖口
河段长度/km	59	171.7	175.5	251	295.4
2002—2003	−3 026	−2 100	−5 200	−2 548	1 538
2003—2004	−1 754	−4 600	−6 100	2 033	908
2004—2005	−2 279	−3 800	−2 800	−4 713	−15 150
2005—2006	−23	807	−2 708	1 265	117
2006—2007	−2 297	−4 347	−341	−3 261	1 723
2007—2008	11	−574	−177	1 295	248
2008—2009	−1 514	−2 652	−5 065	−1 489	−11 502
2009—2010	−1 056	−3 779	−1 040	−2 851	−1 388
2010—2011	−824	−6 225	−1 481	1 050	−5 674
2011—2012	−841	−3 941	−809	−2 792	−3 358
2012—2013	−1 246	−5 831	−1 699	3 808	1 570
2013—2014		−5 385	−2 908	−14 245	−9 281
2014—2015	−615	−3 095	−1 257	−2 794	−3 832
2015—2016		−8 160	−2 322	−21 834	−11 590
合计	−15 464	−53 682	−33 907	−47 076	−55 671

表 3.1-3 宜昌—湖口河段平滩河槽冲淤量统计表

河段	宜昌—枝城	上荆江	下荆江	城陵矶—汉口	汉口—湖口
河段长度/km	59	171.7	175.5	251	295.4
2002—2003	−3 765	−2 396	−7 424	−1 192	893
2003—2004	−2 054	−4 982	−7 997	2 445	1 191
2004—2005	−2 309	−4 980	−2 389	−4 789	−14 995
2005—2006	−10	676	−3 338	1 152	−16
2006—2007	−2 301	−3 996	641	−3 370	1 780
2007—2008	71	−250	76	3 567	1 383
2008—2009	−1 533	−2 725	−5 526	−2 183	−12 001
2009—2010	−1 039	−3 856	−1 127	−2 857	−1 014
2010—2011	−811	−6 305	−1 238	1 586	−4 904
2011—2012	−807	−4 290	−652	−3 309	−3 508
2012—2013	−1 229	−5 853	−1 807	4 734	2 550
2013—2014	−1 229	−5 632	−3 588	−14 066	−9 849
2014—2015	−571	−3 169	−1 013	−3 017	−3 898
2015—2016	−571	—	—	−21 937	—
合计	−16 358	−47 758	−35 382	−43 236	−42 387

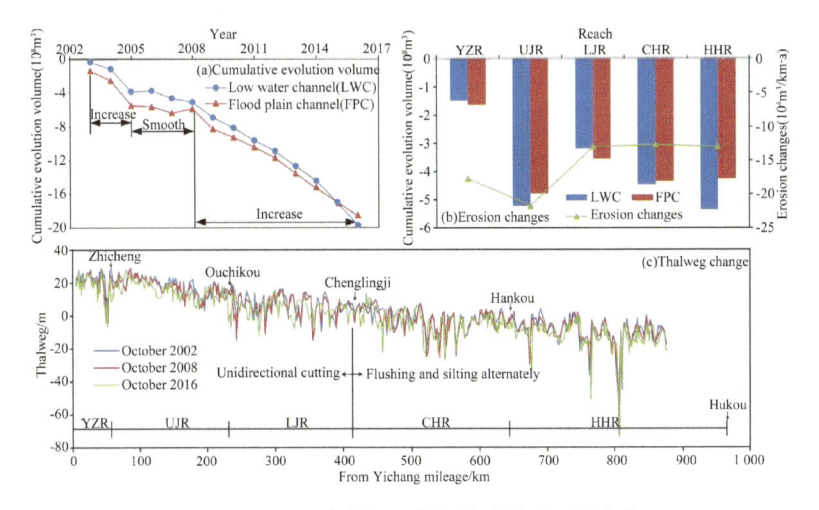

图 3.1-2 三峡大坝下游河道冲淤及深泓变化

注：依据河道的水位-流量关系，确定枯水位及平滩水位，对应的河槽为枯水河槽和平滩河槽，枯水河槽宜昌站流量为 6 000 m³/s，平滩河槽为 30 000 m³/s；深泓为河道的最深点，在分汊河段的深泓选取主汊进行绘制。

3.1.2 河道冲淤分布

3.1.2.1 砂卵石河段

(1) 砂卵石河段平面形态、河床组成沿程不均匀变化使得蓄水后河床沿程冲刷也呈不均匀分布。

河床组成的可动性使得蓄水后的冲刷成为可能,河床组成的沿程变化也使得河段冲刷沿程呈不均匀变化的特点,即在河床组成抗冲性较强的地方,冲刷量和冲刷幅度较小;在河床组成抗冲性较弱的地方,冲刷量和冲刷幅度大。

砂卵石河段沿程的冲淤总体上遵循枢纽下游河道一般冲刷的特点,即近坝处的宜枝河段(全长 60 km)总的冲刷量要略大于枝江河段(全长 64 km)的冲刷量。

在砂卵石河段的三个河段中,宜昌河段的冲刷量较小,宜都河段和枝江河段枯水河槽(按照水文局分析报告划分:枯水河槽、基本河槽和平滩河槽分别对应宜昌河段流量为 5 000 m^3/s、10 000 m^3/s 和 30 000 m^3/s 的河槽)的冲刷量占砂卵石全河段总冲刷量的 90% 以上,因此,2002—2014 年河床冲刷主要在宜都河段和枝江河段,即宜都与枝江河段是砂卵石河段主要的冲刷部位。

砂卵石河段冲刷沿程分布的不均匀性还体现在深泓纵剖面的变化上,蓄水后砂卵石河段深泓纵剖面总体冲刷下降,但下降幅度沿程变化很大,即总体上深泓高程较低的部位下降幅度大,深泓高程较高的部位下降幅度小;另外,宜都河段内大石坝、龙窝等深泓高程较高的部位也出现了较明显的下降;深泓高程的不均匀下降使得纵剖面的起伏程度加大。在 2002 年 10 月至 2014 年 10 月期间,砂卵石河段深泓下降幅度也显示出全河段内深泓变幅最大的位置,主要集中在虎牙滩—枝城河段,其中,白洋弯道和龙窝—李家溪单一段深泓下切尤其显著;而下临江坪和关洲的深泓还有一定程度的淤高。在 2008 年 10 月至 2014 年 10 月期间,深泓变化主要集中在关洲—芦家河,其中幅度最为明显的是在白洋弯道和陈二口附近。

(2) 蓄水初期砂卵石河段的主要冲刷部位在宜昌河段和宜都河段,2008 年后,泥沙粗化,泥沙沿程补给减少,主要冲刷部位已经下移到关洲—芦家河水道河段。

宜昌河段、宜都河段和枝江河段在三峡蓄水运行后河床冲刷强度可以为:

不同砂卵石河段的河床冲刷强度随时间的变化是不相同的,即宜昌河段的河床冲刷强度在 2002—2008 年的头两年内(即 2005 年)就出现明显的下降,随后几年冲淤强度很小;宜都河段在蓄水之初冲刷强度最大,到2014年,该河段河床冲刷强度呈减弱态势,枝江河段河床的冲刷强度总体表现为增加。

在不同时段,冲刷强度最大的河段也不相同,即在三峡开始围堰蓄水的第一年,宜昌河段的冲刷强度最大,而宜都河段的冲刷强度也相对较大,略小于宜昌河段的冲刷强度,枝江河段的冲刷强度最小;在2003—2010年期间,宜都河段的冲刷强度最大,枝江河段的冲刷强度次之,宜昌河段的冲刷强度最小;最近两年则表现为枝江河段的冲刷强度最大。按照大的时段统计,在2002—2010年期间,以宜都河段的冲刷强度最大,而在2010年后,枝江河段的冲刷量显著增大,冲刷强度已经超过了宜都河段。

2008年,三峡水库175 m试验性蓄水后,在不饱和水流的持续冲刷下,宜昌和宜都河段床沙出现明显粗化,泥沙的沿程补给进一步减少,砂卵石河段主要冲刷部位逐渐从宜都河段下移到枝江河段,其中枝江河段的关洲水道段表现尤为突出。表3.1-4为关洲水道(枝城至陈二口)、芦家河水道(陈二口至昌门溪)冲刷量和冲刷强度统计表。可以看出,自2008年后,关洲和芦家河水道段的冲刷强度迅速增加,关洲水道在2010—2014年间,单位河长总冲刷量为258.9万 m³/km,占蓄水后该水道单位河长冲刷总量的71%;而芦家河水道2008—2014年间,单位河长总冲刷量为173 m³/km,占蓄水后总量的79%。

表3.1-4 三峡水库蓄水后枝城—昌门溪河段冲刷量

时段	枝城—陈二口(14.9 km) 冲刷总量 (10^4 m³)	枝城—陈二口(14.9 km) 单位河长冲刷量 (10^4 m³/km)	陈二口—昌门溪(12.1 km) 冲刷总量 (10^4 m³)	陈二口—昌门溪(12.1 km) 单位河长冲刷量 (10^4 m³/km)
2003.03—2004.03	150.8	10.1	423.12	35.0
2004.03—2005.03	−1 075	−72.1	−901.9	−74.5
2005.03—2006.03	−42.5	−2.9	−121	−10.0
2006.03—2007.03	65.64	4.4	165	13.6
2007.03—2008.03	−442.45	−29.7	−121.28	−10.0
2008.03—2009.03	58.77	3.9	−577	−47.7
2009.03—2010.03	−289.19	−19.4	−343.7	−28.4
2010.03—2010.11	−1 358	−91.1	−102	−8.4
2010.11—2012.03	−1 401	−94.0	−171	−14.1
2012.03—2014.03	−1 100	−73.8	−900	−74.4

综合分析来看,在现状来水来沙条件下,宜昌河段冲刷已经基本完成;宜都河

段在 2003—2008 年发生剧烈冲刷,随着河床进一步的粗化,河床抗冲性增强,2008—2010 年该河段的冲刷强度开始降低;目前,枝江河段已经进入剧烈冲刷期。

3.1.2.2 沙质河段

沙质河床河段冲刷沿程并不均匀,且有冲有淤,总体上表现为冲刷强度沿程减小。

从图 3.1-3 中可以看出,在 2002 年 10 月至 2014 年 10 月期间,沙市河段、公安河段、石首河段和监利河段均表现为冲刷。从冲淤量沿程分布来看,枝江、沙市、公安、石首、监利河段冲刷量分别占荆江冲刷量的 22%、19%、15%、23% 和 21%,年均河床冲刷强度则仍以距离三峡大坝最近的沙市河段的 25.87 万 $m^3/(km \cdot a)$ 为最大。

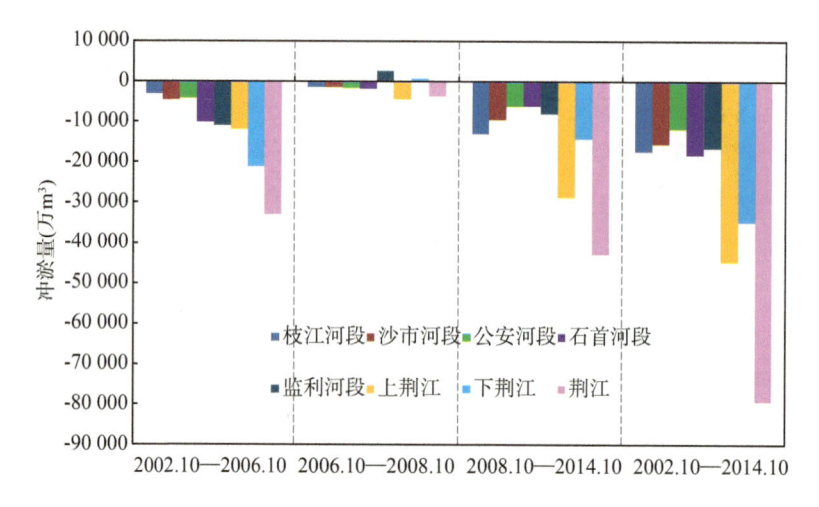

图 3.1-3　三峡水库蓄水运用后荆江河段河床冲淤量沿程分布(平滩河槽)

从图 3.1-4 可以看出,在城陵矶至汉口河段中,嘉鱼以上河段(长约 97.1 km)河床冲刷强度相对较小,累计冲刷量为 0.442 亿 m^3,占全河段冲刷总量的 20%(河长占比为 38.7%);特别是位于江湖汇流口下游的白螺矶河段(城陵矶—杨林山,长约 21.4 km)和陆溪口河段(赤壁—石矶头,长约 24.6 km),2001 年 10 月至 2014 年 10 月期间,河床平滩河槽冲刷量分别为 729 万 m^3、972 万 m^3;嘉鱼以下河床冲刷强度相对较大,平滩河槽冲刷量为 1.747 亿 m^3,占全河段冲刷总量的 80%,嘉鱼、簰洲和武汉河段上段平滩河槽冲刷量分别为 0.417 亿 m^3、0.545 亿 m^3、0.781 亿 m^3。

从图 3.1-5 可以看出,2013 年 10 月至 2014 年 10 月期间,汉口至湖口河段沿程冲淤相间。从沿程分布来看,河床冲刷主要集中在九江—湖口河段(包括九江

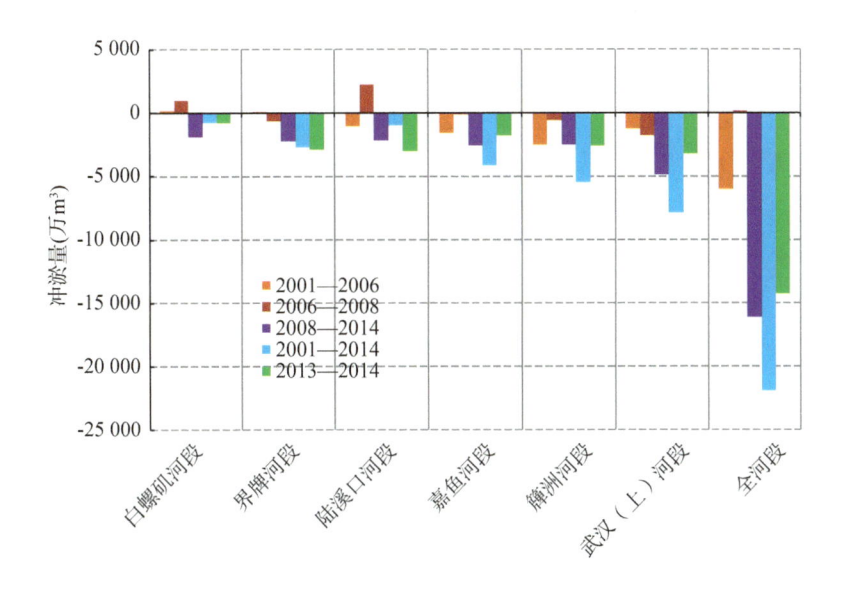

图 3.1-4　城陵矶—汉口河段 2001—2014 年不同时段平滩河槽冲淤量变化图

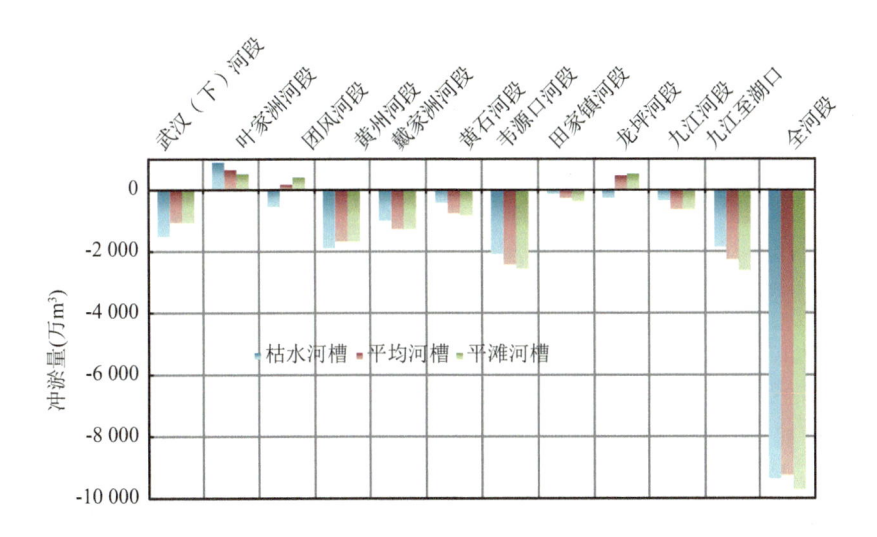

图 3.1-5　汉口以下河段 2013—2014 年冲淤量变化图

河段、大树下—锁江楼,长约 20.1 km;张家洲河段,锁江楼—八里江口,干流长约 31 km),其冲刷量约为 1.606 亿 m³,占河段总冲刷量的 44%;九江以上河段,以黄石为界,主要表现为"上冲下淤",汉口—黄石的回风矶(长约 124.4 km)冲刷量较大,其平滩河槽累计冲刷泥沙 1.649 亿 m³,黄石—田家镇段(长约 84 km)淤积泥沙为 0.185 亿 m³,龙坪—九江河段平滩河槽累计冲刷泥沙为 0.424 亿 m³。

3.1.2.3 断面冲淤分布

断面形态上(图 3.1-6):宜昌—枝城河段断面(宜 72♯、枝 2♯)调整集中在枯水河槽,枯水位以上河床变形不大;荆 6♯ 断面位于关洲心滩中部,右汊(主汊)冲淤变化不大,左汊(支汊)冲深最大达 15 m,关洲心滩左缘崩退约 200 m,表现出支汊冲刷下切、主汊冲淤调整不大的演变特点。沙质河段断面(荆 42♯、荆 60♯ 和 CZ76)为冲深、展宽变化,或是两者并存,CZ76 断面为戴家洲洲头断面,由于航道整治工程作用心滩淤积,同时深槽为冲刷趋势,枯水河槽窄深化。

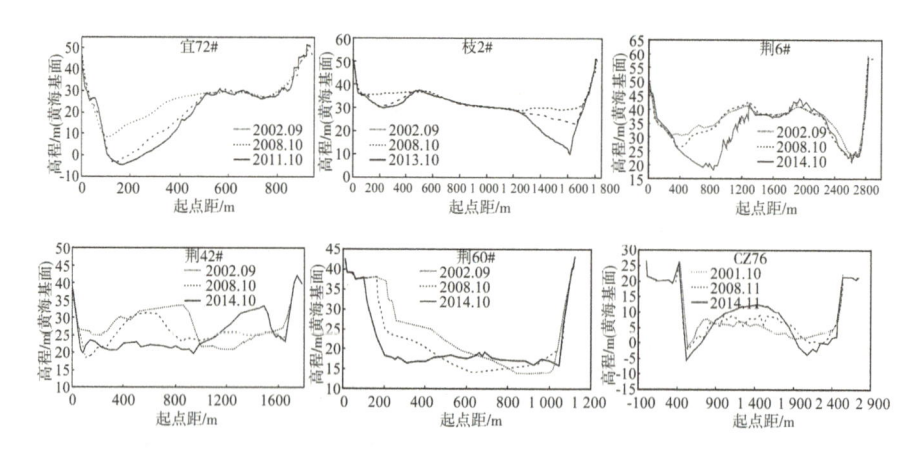

图 3.1-6 砂卵石河段及砂卵石—沙质河段过渡段典型断面变化

统计枯水河槽、低滩和高滩冲淤量占平滩河槽冲淤量比例(表 3.1-5),分析表明:

(1) 三峡水库蓄水前,宜昌—枝城、上荆江河段枯水河槽冲刷,高、低滩小幅淤积;下荆江、城陵矶—湖口河段枯水河槽冲刷,高、低滩大幅淤积,表现出"冲槽淤滩"的变化特点。

(2) 2002 年 10 月至 2008 年 10 月,宜昌—枝城、上荆江和下荆江河段枯水河槽和高、低滩均为冲刷趋势;城陵矶—汉口河段与三峡水库蓄水前一致,表现出"冲槽淤滩"的变化特点,且淤积集中在高滩;汉口—湖口河段为枯水河槽和低滩冲刷,高滩略有淤积。

(3) 2008 年 10 月至 2014 年 10 月与 2002 年 10 月至 2008 年 10 月相比,宜昌—枝城、上荆江和下荆江河段冲刷更集中在枯水河槽,滩地冲刷比例减小;城陵矶—汉口河段冲刷仍集中在枯水河槽,低滩由淤积转为冲刷,高滩淤积减缓;汉口—湖口河段冲刷集中在枯水河槽,低滩由冲刷转为淤积,高滩持续淤积,表现出"冲槽淤滩"的变化特点。

表 3.1-5 宜昌—湖口河段河槽冲淤比例变化

时间段	河段名称	宜昌—枝城	上荆江	下荆江	城陵矶—汉口	汉口—湖口
	河长(km)	60.8	171.7	175.5	251.0	295.4
三峡水库蓄水前 (1981—2002年)	枯水河槽(%)	102.0	100.6	9.2	17.5	69.6
	低滩(%)	−2.0	−0.6	−109.2	−117.5	−169.6
	高滩(%)					
2003—2008年 (2002年10月至 2008年10月)	枯水河槽(%)	88.6	89.6	73.2	301.8	60.4
	低滩(%)	1.7	2.2	11.6	−30.7	48.3
	高滩(%)	9.6	8.2	15.2	−171.1	−8.7
2009—2014年 (2008年10月至 2014年10月)	枯水河槽(%)	96.4	93.7	91.6	94.5	115.0
	低滩(%)	4.8	3.3	1.3	8.1	−11.4
	高滩(%)	−1.1	3.0	7.1	−2.6	−3.6

2012年10月与2003年10月相比较(图3.1-7),砂卵石河段深泓整体下切,河宽在宜昌—枝城河段呈减小趋势,枝城至芦家河河段呈增大趋势。宜昌—枝城河段枯水河槽断面冲刷特点以深蚀为主,断面向深蚀趋势发展,枝城至芦家河河段以深蚀为主,同时伴随侧蚀发生,断面向宽浅趋势发展。

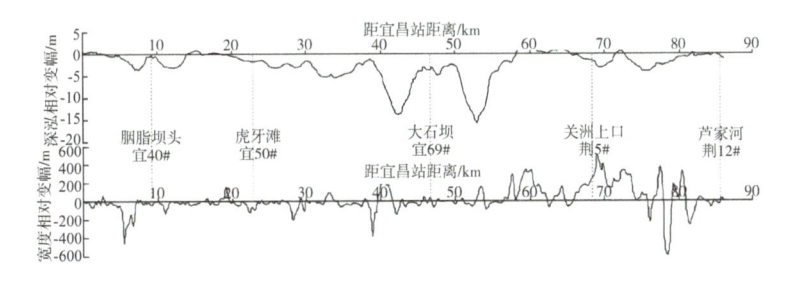

图 3.1-7 宜昌—昌门溪河段深泓和河宽相对变幅(2003.10—2012.10)

3.1.3 基于河道单元尺度的河床冲淤进程分析

3.1.3.1 砂卵石及砂卵石—沙质过渡段河床形态调整过程

三峡水库蓄水后宜昌—宜都、宜都—枝城、枝城—陈二口、陈二口—昌门溪、昌门溪—杨家脑河段均为冲刷趋势(图3.1-8),其枯水河槽累积冲刷量分别为

−0.12 亿 m^3、−1.32 亿 m^3、−0.54 亿 m^3、−0.27 亿 m^3 和−0.33 亿 m^3。在冲刷趋势上，宜昌—宜都和宜都—枝城河段冲刷趋势减缓，枝城—陈二口、陈二口—昌门溪和枝江河段冲刷趋势加剧。在冲淤河槽分配上，宜昌—枝城和枝江河段枯水河槽冲刷量占平滩河槽比例分别为 91.3% 和 92.5%，即河床冲刷集中在枯水河槽。

将蓄水后划分为 2002—2006 年、2006—2008 年、2008—2012 年和 2012—2014 年 4 个时段（图 3.1-8c），单位河长冲刷强度的变化规律为：宜昌—虎牙滩、虎牙滩—枝城河段先增强后减弱，在 2008 年后，宜昌—虎牙滩河段甚至出现小幅淤积；枝城—陈二口、昌门溪—大埠街河段先增强后减弱，陈二口—昌门溪河段先减弱后增强，大埠街—沙市河段在 2008 年后呈增强趋势，沙市河段冲淤交替变化。单位河长冲刷强度在沿程上变化规律为：2002—2006 年、2006—2008 年期间，最大值出现在虎牙滩—枝城河段；2008—2012 年、2012—2014 年期间，最大值分别出现在枝城—陈二口、大埠街—沙市河段，即坝下游强冲刷区下移，初步判断下移约 80 km。

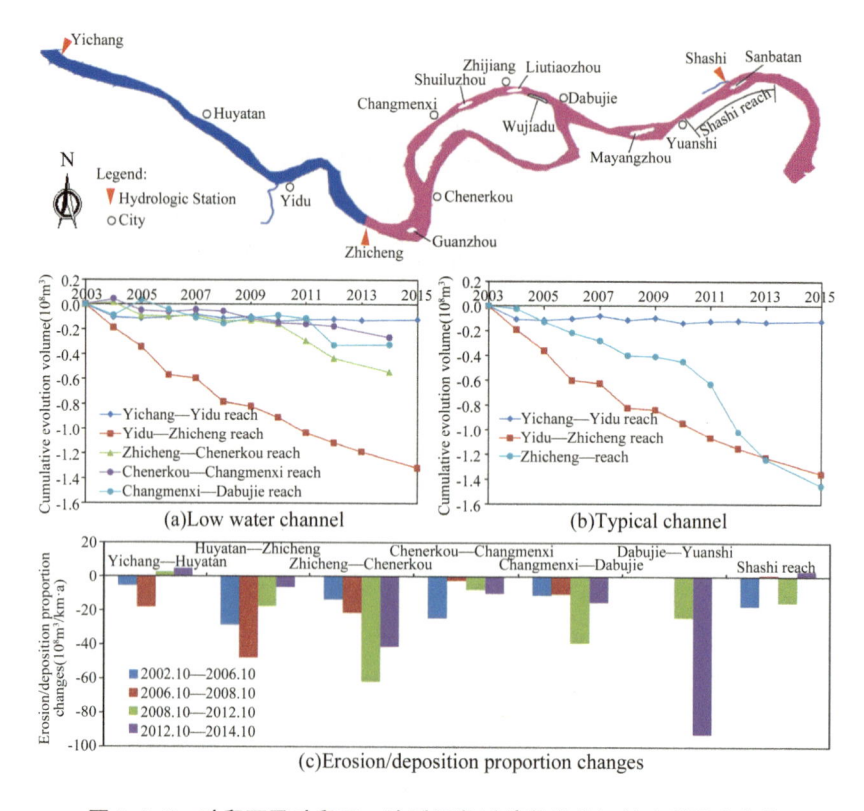

图 3.1-8　砂卵石及砂卵石—沙质河段过渡段单位河长冲淤强度变化

3.1.3.2 沙质河段单位河长河床形态调整变化过程

1981—2002年期间,宜昌—湖口河段枯水河槽均为冲刷趋势,宜昌—枝城及上荆江河段冲刷集中在枯水河槽,枯水—平滩河槽之间略有淤积;下荆江、城陵矶—汉口及汉口—湖口河段为淤积趋势,表现出"冲槽淤滩"的演变特点(图3.1-9)。

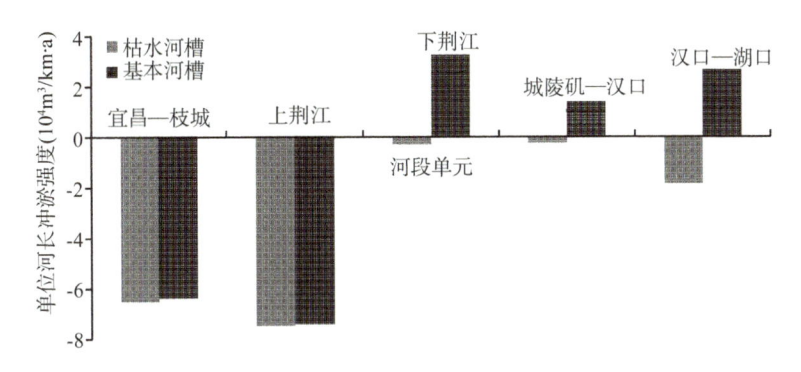

图3.1-9　1981—2002年期间宜昌—湖口单位河长冲淤强度变化

2003年和2004年,汉口—湖口河段枯水河槽和基本河槽淤积,平滩河槽发生冲刷现象;2005年后为累积性冲刷,上荆江、下荆江、城陵矶—汉口河段从2003年起为累积性冲刷。2003—2014年期间,上荆江、下荆江、城陵矶—汉口、汉口—湖口河段总冲刷量分别为−4.11亿 m^3、−2.80亿 m^3、−2.18亿 m^3、−3.89亿 m^3(图3.1-10)。2003—2006年、2006—2008年及2008—2014年相比较,单位河长上枯水河槽、基本河槽和平滩河槽冲刷强度变化规律(图3.1-10):宜昌—枝城河段各河槽冲刷强度减弱;上荆江河段枯水河槽和基本河槽冲刷强度增强,平滩河槽为先减弱后增强;下荆江河段各河槽冲刷强度为先减弱后增强;城陵矶—汉口河段枯水河槽和基本河槽冲刷强度呈增强趋势,平滩河槽为先减弱后增强;汉口—湖口河段枯水河槽冲刷强度增强,基本河槽和平滩河槽为先减弱后增强。单位河长冲刷强度沿程变化规律:2003—2006年期间,宜昌—枝城河段最大,下荆江河段次之,城陵矶—湖口河段最小;2006—2008年期间,最大区域在宜昌—枝城河段,上荆江河段次之,下荆江河段最小;2008—2014年期间,最大区域在上荆江河段,汉口—湖口河段次之。2008—2014年期间,单位河长冲刷强度最大区域已由2003—2008年期间的宜昌—枝城河段下移至上荆江河段,同时,下荆江及以下河段冲刷强度增加,受清水下泄的影响程度增强。

3.1.3.3 洲滩面积变化

沙质河段深泓变化为冲淤交替,整体为冲深趋势。三峡水库蓄水后,沙质

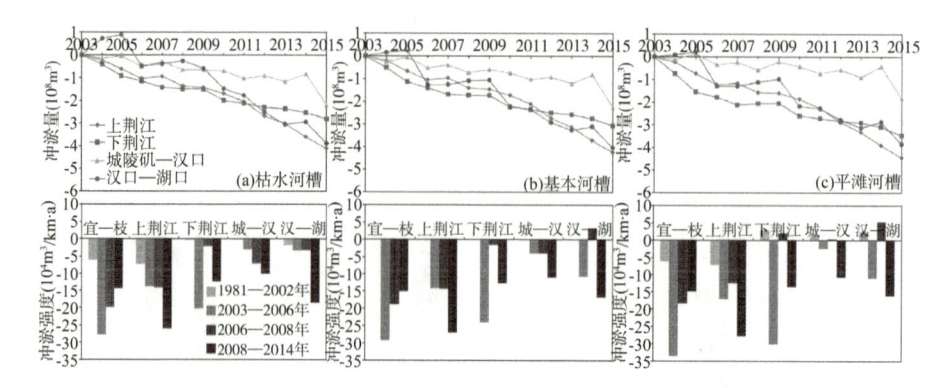

图 3.1-10　宜昌—湖口河段单位河长河床冲淤过程变化

注：宜昌—枝城(宜—枝)河段枯水河槽、基本河槽和平滩河槽对应的宜昌站流量分别为 5 000 m³/s、10 000 m³/s、30 000 m³/s；城陵矶—汉口(城—汉)河段各河槽对应的螺山站流量分别为 6 500 m³/s、12 000 m³/s、33 000 m³/s；汉口—湖口(汉—湖)河段各河槽对应的汉口站流量分别为 7 000 m³/s、14 000 m³/s、35 000 m³/s。

河段河床整体冲刷，坝下游航道水深增加，说明在河床调整过程中断面以冲深为主。沙质河段分布大量的边滩和心滩，形成河道的内外边界，三峡水库蓄水后，坝下游边滩、心滩整体为冲刷趋势，其中部分滩体淤涨（图 3.1-11），说明断面在冲深过程中展宽、束窄均有发生。

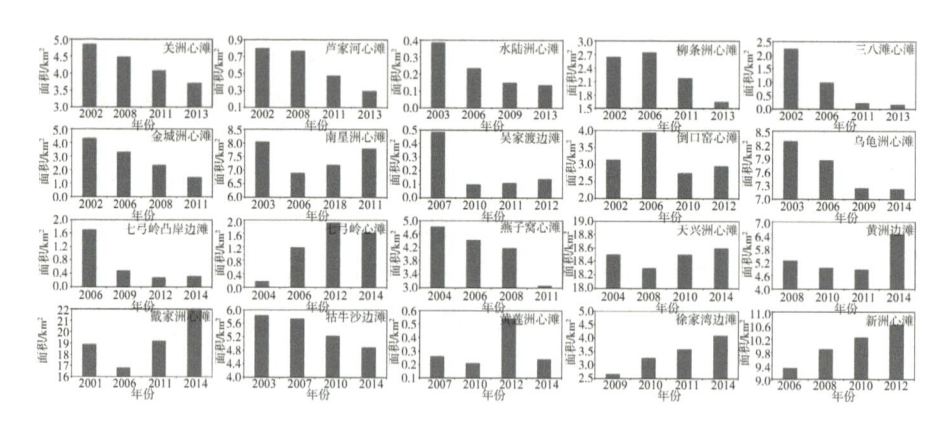

图 3.1-11　长江中游典型边心滩及江心洲面积变化

3.1.3.4　河段单元尺度下河床形态调整差异性的成因分析

(1) 来水来沙因素

来水方面：宜昌—湖口河段水流漫过平滩河槽天数呈减少趋势，冲滩淤槽历时缩短（图 3.1-12）。已有研究表明，荆江沙质河段冲刷率随流量增加而呈现出"先增大—后减小—再增大"的非单调变化过程,冲刷量主要在小于 25 000 m³/s 的流量下完成,约占总冲刷量的 90%。统计表明,宜昌站为 5 000 m³/s<Q<30 000 m³/s,螺山站为 6 500 m³/s<Q<33 000 m³/s,汉口站为 7 000 m³/s<Q<35 000 m³/s,流量级持续天数呈增加趋势,河道中枯水位水位下降,进一步增加了中枯水河槽冲刷时间,是冲刷集中在枯水河槽的主要原因。针对上述流量级,宜昌、螺山和汉口站的对应含沙量均呈减少趋势,进一步增加了枯水河槽冲刷强度。

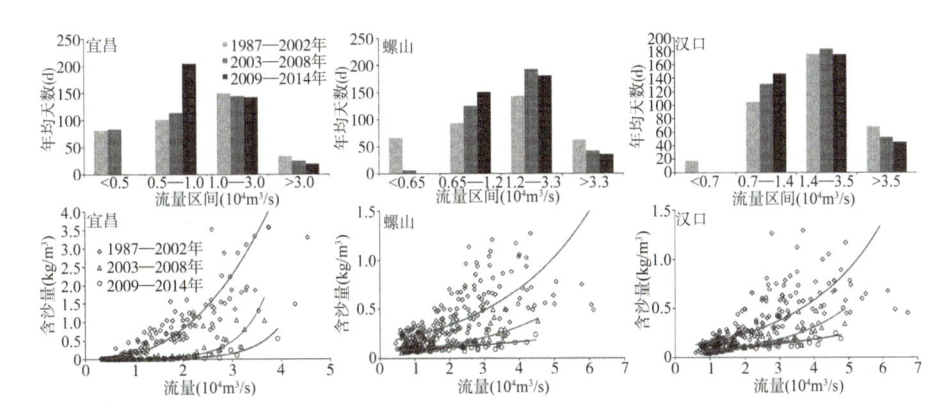

图 3.1-12 长江中下游主要水文站流量及含沙量关系

泥沙方面:长江中下游悬移质中 d>0.125 mm 为河床质,与三峡水库蓄水期前比较(表 3.1-6),蓄水后宜昌站该组分输沙量减小约 94.5%,近乎全部拦截在水库中;三峡水库蓄水后 3 个时段宜昌—监利河段均呈增加趋势,在 2003—2008 年期间,监利站 d>0.125 mm 床沙质输沙量甚至超过三峡水库蓄水前多年均值,表明该组分泥沙在宜昌—监利河段得到恢复,使得该河段航道大幅冲刷;2009—2014 年期间,坝下游 d>0.125 mm 泥沙输移量在宜昌—监利河段恢复程度减弱。

表 3.1-6 坝下游主要水文站 d>0.125 mm 输沙量(单位:万 t/a)

时间段	宜昌站	枝城站	沙市站	监利站	螺山站	汉口站	大通站
蓄水前平均*	4 428	3 450	4 253	3 437	5 522	3 104	3 331
2003—2006 年	639	1 716	2 744	3 236	2 995	2 696	783
2007—2008 年	88	745	2 037	3 727	2 003	1 779	1 374
2009—2014 年	34	159	1 022	1 934	1 391	1 859	1 126

*注:宜昌、监利站多年平均统计年份为 1986—2002 年;枝城站多年平均统计年份为 1992—2002 年;沙市站多年平均统计年份为 1991—2002 年;螺山、汉口和大通站多年平均统计年份为 1987—2002 年。

(2) 河床组成因素

三峡水库蓄水后,宜昌—枝城河段表层床沙中值粒径增大,河床粗化,随着冲刷进程的持续,上层裸露的卵石层对下层起到了隐蔽作用,使其对悬移质的补给量减少。三峡水库调蓄削减了洪峰流量,使得洪水期水流冲刷动力减弱,也是宜昌—枝城河段单位河长冲刷强度减弱的主要原因之一。荆江河段为普遍粗化现象,城陵矶—湖口河段粗化与细化现象均有发生,整体上呈粗化趋势(表3.1-7)。

表 3.1-7 宜昌—湖口河段历年床沙 D_{50} 变化统计表(单位:mm)

年份	2003	2004	2005	2006	2007	2008	2009	2010	2011	2012
宜昌—枝城河段	0.638	2.680	7.100	12.500	19.400	30.300	34.800	—	21.100	36.200
枝江河段	0.211	0.218	0.246	0.262	0.264	0.272	0.311	0.261	0.388	0.412
荆江河段	0.197	0.196	0.212	0.219	0.225	0.230	0.241	0.227	—	0.226
城陵矶—汉口河段	0.159	0.168	0.165	0.174	0.170	—	0.183	0.165	—	0.288
汉口—湖口河段	0.140	0.154	0.146	0.154	0.159	—	0.159	0.164	—	0.207

河床断面变化受制于河道水位和河床组成差异的影响。三峡水库坝下游枯水位下降,且河床冲刷集中在枯水河槽,断面形态调整也集中在枯水河槽。在河床组成上(图3.1-13):砂卵石过渡段柳条洲断面深槽可冲层殆尽,滩体尾部呈横向冲刷趋势,柳条洲面积也呈减小趋势;水陆洲滩体两侧深槽基本为砂卵石,可动泥沙数量少,横向变化上为江心洲两侧蚀退,河道展宽,水陆洲滩体面积减小;浣市马羊洲尾部深槽虽有部分可冲泥沙,但量值较小,河道断面向展宽方向发展;吴家渡边滩区域深槽和滩地均存在大量可冲泥沙,在河槽冲刷过程中表现出冲深和展宽并存,整体作用下吴家渡边滩呈减小趋势。沙质河段深槽和滩地均存在较厚的沙质覆盖层,其河床抗冲性较弱,使得冲刷过程中断面形态表现为冲深趋势,横向上展宽或束窄均有所调整。沙市河段边滩和深槽均存在大量的沙质覆盖层,近期三八滩面积大幅减小,说明沙市河段断面调整存在展宽现象。

(3) 坝下游人类活动因素

人类活动在一定时期也会对河床形态调整过程产生一定影响,如河道采砂、航道疏浚及航道整治工程等。

从长江干线2004—2011年期间长江中下游河道年度采砂数据(表3.1-8)中可以发现,采砂占较大比重,如2009年采砂量占大通站年总输沙量的63.2%。河道采砂在一定程度上加剧了河床冲刷、拓宽及河道比降的调整,采砂作业"去粗留细"会促进床沙粗化进程。

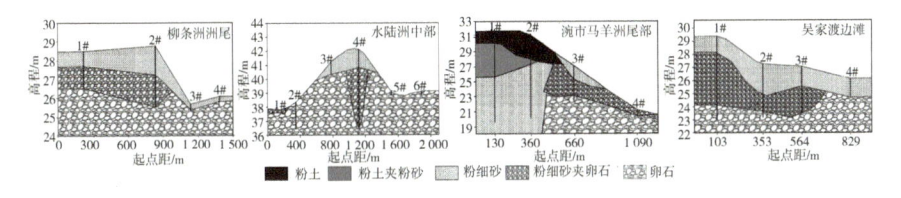

(a) 砂卵石河段典型地质剖面

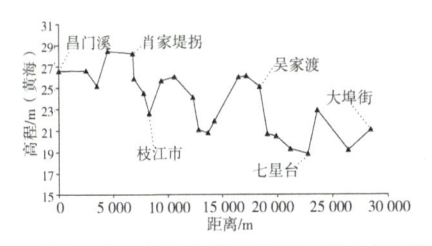

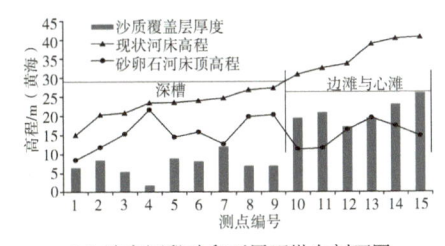

(b) 枝江—江口河段主槽砾卵石层面纵向剖面图

(c) 沙市河段砂卵石层面纵向剖面图

图 3.1-13 砂卵石及过渡段河床地质组成

表 3.1-8 长江中下游河道年度采砂控制量

年份	2004	2005	2006	2007	2008	2009	2010	2011
采砂控制量/万 t	1 186	1 602	1 240	1 690	5 140	7 020	4 430	4 407

报告资料表明，2008—2014 年期间，荆江河段的芦家河河段、枝江—江口河段、太平口水道、尺八口水道疏浚量分别为 52.85 万 m^3、52.65 万 m^3、80.64 万 m^3、35.23 万 m^3，合计为 221.37 万 m^3。2008—2014 年，汉口—湖口河段疏浚量为 629 万 m^3，占汉口—湖口河段枯水河槽冲刷量的比例为 1.91%，即疏浚量对枯水河槽整体冲刷的影响相对较小。

(4) 航道整治工程

三峡水库蓄水后，长江中下游宜昌—湖口河段已实施航道整治 30 余项，在建工程 9 项，建设时间集中在 2008 年以后，治理思路为"守滩稳槽、局部调整"(图 3.1-14)。

砂卵石及砂卵石—沙质过渡段航道整治工程：为应对水位下降过程、边心滩萎缩及岸线崩退等带来的航道问题，2013—2017 年，对宜昌—昌门溪河段实施了航道整治工程，采用护滩带、护底带、潜丁坝及护岸等工程形式。工程实施后，洲滩和岸线得到有效守护，减弱了河槽边界的展宽作用，护底工程的实施增加了河床糙率，抑制水位下降和河床下切趋势。

沙质河段航道整治工程：

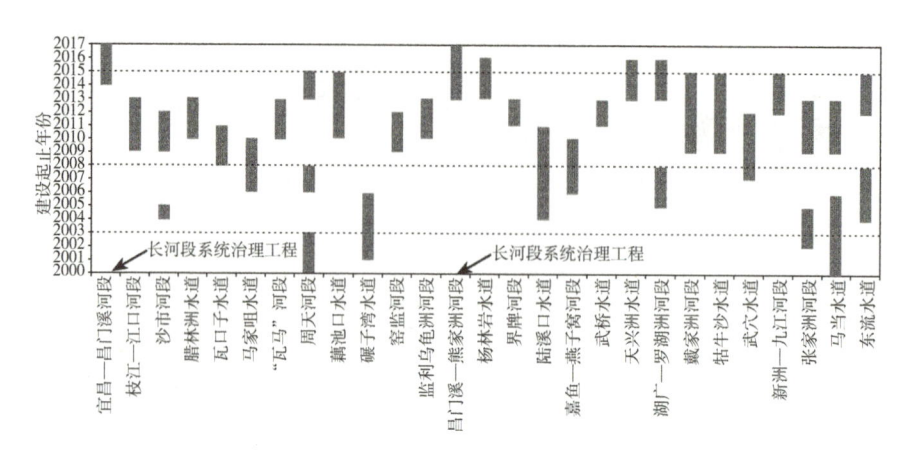

图 3.1-14　长江中下游航道整治工程建设过程

荆江河段：枝江—江口河段、沙市河段、"瓦马"河段、周天河段、藕池口水道及窑监河段等滩段，以及昌门溪—熊家洲河段均实施了航道整治工程（建设时间为 2013—2017 年，工程于 2015 年 12 月 24 日完工，2016 年进入试运行期，具体见 http://www.cjhdj.com.cn/)。其中，昌门溪—熊家洲河段整治工程对河段内的枝江—江口河段、太平口水道、斗湖堤水道、周天河段、藕池口水道、碾子湾水道、莱家铺水道、窑监河段、铁铺—熊家洲河段等 9 段 13 个滩体，共建设护滩工程 34 道、堤坝工程 6 道、填槽护底 3 道、守护高滩岸线近 40 km、护岸加固 20.58 km。工程实施后，在一定程度上增加了枯水期航道水流动力，洲滩稳定性增强，航道边界趋于稳定，随着工程效果的发挥，荆江河段航道枯水期最小维护水深提高至 3.5 m 以上。

城陵矶—汉口河段：杨林岩水道、界牌河段、陆溪口水道、嘉鱼—燕子窝河段及武桥水道等滩段实施了航道整治工程，伴随工程效果的发挥，冲刷主要集中在枯水河槽在含沙量减小的情况下，低滩略有冲刷，洪水漫滩天数减少，高滩淤积幅度减小。

汉口—湖口河段：天兴洲水道、湖广—罗湖洲河段、戴家洲河段、牯牛沙水道、武穴水道、新洲—九江河段及张家洲河段等滩段，从 2008 年起分期实施了边心滩守护（潜丁坝或护滩带），以及护岸加固等工程，航道整治工程实施后实现了 4.5 m 航道水深贯通。由于工程部位为低滩部位或高滩岸线区域，使得部分边心滩淤涨，在一定程度上决定了该河段自 2008—2014 年冲刷部分集中在枯水河槽，同时，低滩和高滩受航道整治工程影响出现淤涨。

3.2 长河段联动过程对岸滩稳定性的作用机制

3.2.1 弯道岸滩失稳向下游河段的传导机理

3.2.1.1 弯道蜿蜒下移机理分析

冲积河流在自然状态下总是处于不断发展变化过程之中。从河床演变的形式来看,由水流冲刷导致近岸泥沙输移造成岸滩冲刷或失稳,但实质上,弯道向下游蜿蜒蠕动以及岸滩失稳是河流运动和水沙条件变化的具体体现。对于顺直型河段而言,与其顺直微弯水流和泥沙输移运动相应的犬牙交错边滩分布于河道两岸,并在纵向水流作用下向下游推移。当两侧可冲岸滩受到边滩掩护时,岸滩就不受冲刷,而没有边滩的掩护,深泓近岸,河岸就会发生冲刷。这种冲刷可能导致河宽的增大,使河床可能呈现出周期性展宽的特性。这种周期性展宽就是两岸产生的岸滩冲刷现象。也就是说,当河岸处于有边滩的部位,岸坡受到边滩掩护而不受水流冲刷,岸坡就稳定;当河岸处于顺直段深泓迫岸部位时,岸坡受水流冲刷就有可能发生崩岸。当犬牙交错边滩主要由悬移质泥沙形成时,边滩冲淤主要受年内年际来水来沙作用而呈周期性冲淤变化,但边滩依附两岸的位置较固定,在这种情况下,整个河道平面形态较稳定,相应的岸滩则较少出现。

对丁蜿蜒型河段而言,平面形态变化规律在丁中水河槽具有过度弯曲的外形,深槽紧靠凹岸,凸岸的边滩发育,凹岸冲蚀,凸岸淤长。弯道横向环流强度较大,泥沙横向输移量也较大,且横向输沙总是不平衡,泥沙的横向净输移量总是指向凸岸方向。弯曲水流的顶冲点在一年之内随流量大小不同而发生变化。一般情况下,在弯道顶点下游一段距离内,无论大小流量,主流都靠近凹岸,属于常年贴流区,河岸年崩塌率也较大;在弯道顶点附近,则随着流量大小,其顶冲点存在下挫上提现象,这一段属于顶冲点的变动区,河岸年崩塌率也较大,但次于常年贴流区。这两区以外的上下游弯道进出口段年崩塌率较小。这一崩岸特性使蜿蜒型河道在平面上整体向下游蠕动。当河弯曲折率增大到某种程度时,在一定水流泥沙和河床边界条件下,可能发生切滩和撒弯现象。在相邻河弯不断靠近形成狭颈时,则在洪水漫滩水流作用下可能发生自然裁弯。无论发生裁弯、切滩或撒弯,都会对上、下游河势的变化构成重大影响。如图 3.2-1 所示。

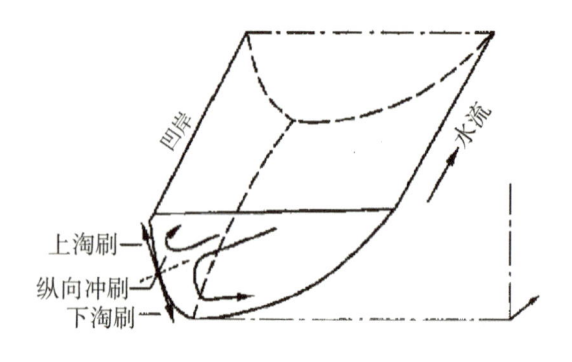

图 3.2-1　凹岸冲刷机理示意图

在分析弯道蜿蜒下移过程中近岸区域的水沙运动特性时，不难发现，螺旋流淘刷凹岸并将泥沙不断输运至凸岸，对弯道的不断坐弯下移起到决定性作用。由于悬移质含沙量上少下多，螺旋流将表层含沙较少而粒径较细的水体带到凹岸，并折向河底攫取泥沙，而后将这些含沙较多而粒径较粗的水体带向凸岸边滩，形成横向输沙不平衡。横向输沙不平衡，将使含沙较多的水体和较粗的泥沙集中靠近凸岸，含沙量沿水深分布更不均匀；而凹岸附近含沙较少且泥沙较细，含沙量分布较为均匀。值得注意的是，在天然河弯情况下，泥沙输移多见于同岸转移。在螺旋流的作用下，凹岸冲刷下来的底沙总是转移到凸岸，由此形成床面上的横向底坡，且又转而影响泥沙的运移。

当水流进入弯道后，在环流作用下，泥沙向凸岸区集中，这里水面纵比降小、流速低，造成大量底沙淤积，其形式呈镰刀状，镰刀形边滩的下游内侧存在一个底沙不进入区域。当凸岸边滩形成后，来自上游的泥沙就沿着凸岸沙嘴的边缘运动。边滩不断发展，水流动力轴线就不断地外延，水流动力轴线逼近凹岸，在顶弯以下形成最大的冲刷区。弯道出口以下的凸岸由上游凹岸冲刷下来的泥沙补给，将出现淤积。

在弯道进口段的凹岸及出口段的凸岸，将有可能发生水流分离现象，此分离区中出现漩涡，流况更为紊乱，分流增加能量损失，往往导致河岸崩坍，甚至大规模窝崩与这种紊动性很强的漩涡流也有较大关系。弯道水流损失的主要表现：(1)环流使水流的内摩擦增加；(2)环流使床面剪切力增加；(3)急弯处由于水流受挤压和形成漩涡造成能量损失；(4)纵向流速沿河宽及水深改变，以及部分能量消耗于环流。通常在顶冲点附近环流强度达到最大值，纵向切应力最大值通常也分布在此处，因此弯道凹岸冲刷最强的部位也在此附近。

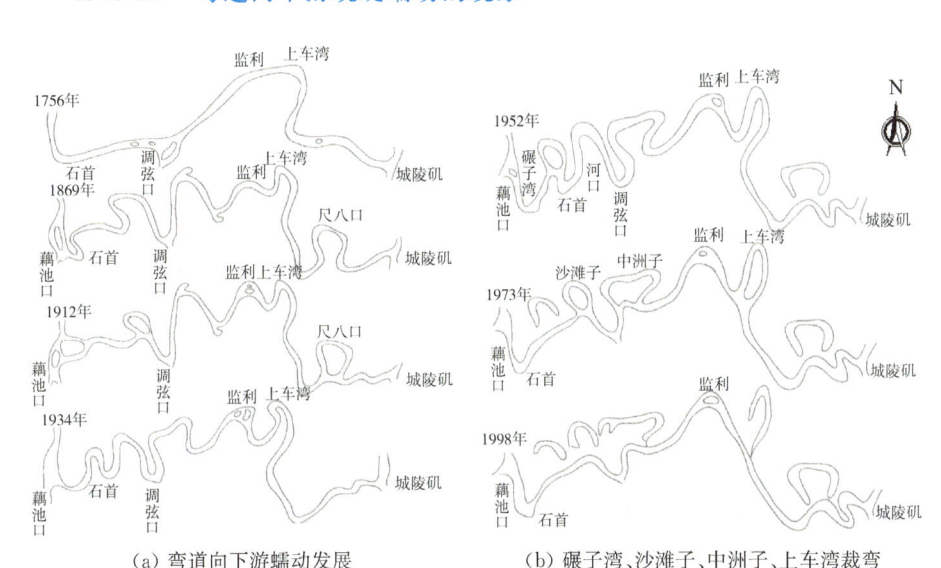

3.2.1.2 弯道向下游蜿蜒蠕动的现象

(a) 弯道向下游蠕动发展　　(b) 碾子湾、沙滩子、中洲子、上车湾裁弯

图 3.2-2　下荆江蜿蜒型河道弯曲下移及裁弯过程

以下荆江河道连续蜿蜒型河道为例（图 3.2-2），在河道发生自然裁弯之前，弯道长度不断增长，过渡段长度也不断增加，但平面位置均变化不大，过渡段宛如一个共轭点连接上、下游弯道。当边滩淤积部位基本固定，不频繁发生显著的斜槽切滩，使细颗粒泥沙长期在边滩淤积并生长水生植物。当凹岸冲刷的泥沙量与凸岸淤积的泥沙量基本相等后，能够保持宽不增大、水流与河床均不分汊、不向河漫滩型转化，从而逐渐达到纵向输沙平衡。在弯道向纵向输沙平衡发展过程中，由于狭颈不断变窄，下荆江最终发生自然裁弯。由于河长大大缩短，裁弯新河处基面下降，比降增大，动力作用增强，使得河势发生剧烈变化，进入下一个蜿蜒周期。

在弯道向下游方向不断蠕动过程中，水流漫滩后的泥沙淤积促使黏性河漫滩形成，斜槽切滩导致主槽不断发生侧移，凹岸崩塌使得主槽进一步蜿蜒下移；洪水对畸形弯颈的裁弯有利于形成广阔河漫滩。可见，蜿蜒弯道的蠕动下移单靠滩体冲淤变形是不足以实现的，更要依靠河岸推力的作用。伴随着凹岸岸坡的不断崩塌，着重关注其岸脚处冲刷坑的形成和发展过程，以及变陡后实测岸坡坡比与稳定坡比的关系。

斯胡尔曼（F. Schuurman）在研究下游河道对上游干扰的动力蜿蜒响应过程时发现（图 3.2-3），河道初次发生弯曲不仅需要进口发生扰动，还需要有足够的河长来形成稳定边滩以促进弯曲水流形态的形成。在河湾不断弯曲下移过程中，离不开两岸边滩形态的动力塑造，以及河道岸线的不断动力演进，尤其对于河道弯曲度较低、边滩形态与河湾整体形态的关系不密切的河段。随着动态入流干扰作用的加剧，明显强化了下游河道蜿蜒发展进程，将诱发形成曲折率更高的河道。在边滩向河漫滩的转化进程中，单纯滩体的归并演变是不够的，河道内部的河岸推力是形成高弯度的蜿蜒河槽的重要因素。在一次迅猛的洪水过程中，过于弯曲的弯颈处发生裁弯是形成广阔河漫滩的复杂而有效的路径。也正是由于高弯曲度的河道发生裁弯的频率较高，才有效限制了河道的畸形弯曲形态。

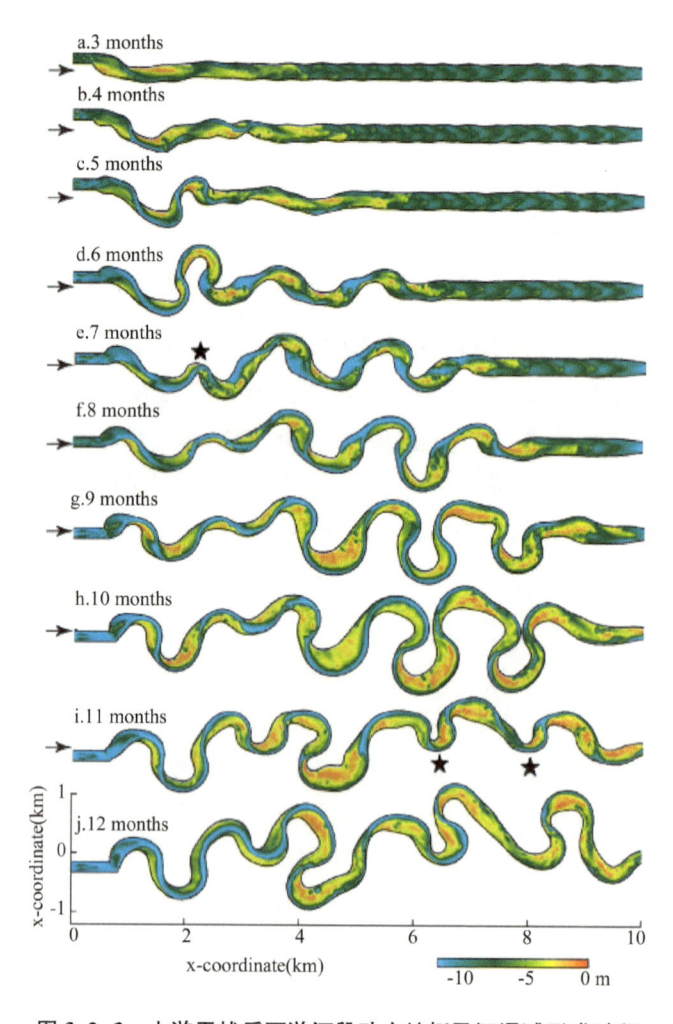

图 3.2-3　上游干扰后下游河段动力蜿蜒及河漫滩形成过程

斯胡尔曼在研究孟加拉国贾木纳河(Jamuna River)崩岸时发现(图3.2-4),河道崩岸和不均匀的河道宽度条件作为外界干扰,也影响着下游河道的变形。对于辫状河道而言,随着边滩和汊道的动力变形,河槽蜿蜒下移、江心洲局部展宽的现象非常普遍。实验表明,辫状河道的崩岸与边滩的动力下游密切相关,而且江心洲挤压水流顶冲辫状河流岸线,当崩岸发生后,坍落土体又成为新的江心洲形成的重要砂源。

图3.2-4　孟加拉国贾木纳河崩岸

斯胡尔曼在研究沙质辫状河网对干扰的动力响应过程时发现(图3.2-5),河床形态对干扰响应过程可以分为不同区域:水流条件限制引起局部切口的直接影响区;水流条件限制导致淤积的间接补偿区;通过汊道不稳定性以及交错边滩重新塑造的间接传播影响区;上游回水影响区。当外界通过扰动手段改变某段河床特性后,可以通过改变汊道进口水沙的分布特征,使上游扰动向下游方向迁徙,引发下游河道的不稳定性。汊道动力调整导致原河床部位边滩下移,同时在下游形成新的边滩,局部水沙特性及动床阻力发生改变,进而对上游河道也具有反馈调节作用。可见,辫状河型的不稳定性和犬牙交错边滩的不对称下移变形,导致河道对外界扰动具有向上下游方向传播的作用。这个分汊河道的不稳定性以及犬牙交错边滩动态变形向下游方向放大;然而,干扰对上游的影响是次要的,仅发生在回水效应中。

3.2.1.3　水流动力轴线摆动对崩岸的影响

从蜿蜒型河段的变形规律可见,蜿蜒型河段能够在平面上保持整体向下游移动,与主流在常年贴流区和顶冲点变动区的剧烈淘刷导致河岸崩塌密切相

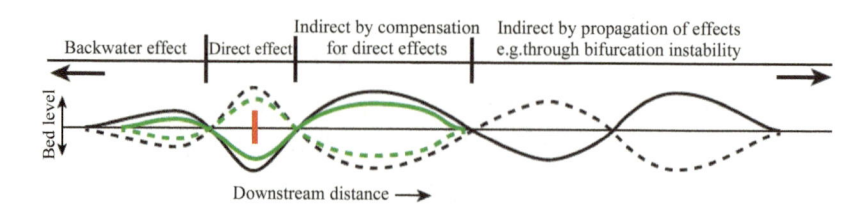

图 3.2-5　河床形态对干扰反应的不同区域

关。当弯道曲率进一步增大,水流顶冲岸滩导致斜槽切滩及弯颈裁弯现象,并伴随更为严重的河岸崩塌,这也促使广阔河漫滩的形成和淤长,进而使弯道进一步向下游方向蠕动。主流一般在弯道进口段甚至弯道上游的过渡段靠近凸岸,进入弯道后,主流则逐渐向凹岸过渡到弯顶以下并靠近凹岸,主流最初逼近凹岸的部分亦即"顶冲点"。由于流量大小影响惯性大小,进而使主流线曲率半径的大小有所变动,即大水"居中"、小水"傍岸",水流对凹岸的顶冲点也相应具有大水"下挫"、小水"上提"的特点。年内一般表现为低水"上提"、高水"下挫"。年内高水和低水水流动力轴线上下游处存在上、下共轭点。高水顶冲部位位于下共轭点,低水部位位于弯顶或其稍上处。

在凹岸不断崩退、凸岸不断淤长的过程中,弯道段主流线位置也在不断变化。根据张笃敬计算主流线曲率半径的方法,在不考虑水流条件和断面形态变化的情况下,随着凹岸崩退,河湾的曲率半径减小,河湾水流动力轴线曲率半径也减小,水流顶冲点不断变化,更加促进凹岸弯顶下部的崩退,河湾越来越弯曲。下荆江为典型蜿蜒型河道,大部分崩岸位于弯道凹岸。在水流经弯道时,由于离心惯性力的作用,形成横比降,同一横断面凹岸水面往往高于凸岸,同时产生横断面内的横向环流。处于发展中的河湾总是向弯顶偏下的部位崩塌发展,弯道环流的存在是弯道凹岸不断崩塌和凸岸逐渐淤积的主要原因。

年际间水沙变化引起水流动力轴线摆动导致崩岸发生。除自然条件下弯道水流动力轴线变化外,由于水沙或局部河势变化导致水流动力轴线变化将产生崩岸。沙市河湾下段右岸陈家台至新四弓段 2001 年发生的崩岸、2002 年文村夹发生的崩岸与受 1998 年大水影响的三八滩、金城洲汊道段主流线在短时间内的改变密切相关。一般来说,弯道、汊道段水流动力轴线变化是其下游产生崩岸的主要原因,而弯道、汊道段水流动力轴线变化与蜿蜒型河道的演变特性、上游来水来沙变化及过渡段演变密不可分。

下荆江河段较多地段崩岸主要是由弯道水流动力轴线导致的。如荆江门、七弓岭段由于凹岸在不断崩退过程中,年际间弯道段主流线也不断向下游移动,导致凹岸上段不断淤积,下段由于迎流顶冲崩退,且崩退点随顶冲点下移。又如石首河湾在 1994 年切滩撇弯之前,由于弯道主流线逐渐摆动,其下游顶冲点下移;切滩撇弯后,弯道段主流线突变,导致了向家洲、北门口发生剧烈崩塌,其后,随着上段主流线继续左摆,向家洲继续崩退,北门口、鱼尾洲顶冲点持续下移,10 年时间,弯顶下游顶冲点最大下移距离达 4 km。

3.2.2 长江中下游岸滩演变向下游的传递及联动现象

弯道不断蜿蜒下移离不开水流动力轴线的摆动,正是由于弯道主流带始终靠近凹岸常年贴流区,使该段区域岸滩失稳频率始终较大;在弯道顶冲点附近,由于不同流量级下主流顶冲位置有所差异,该段属于岸滩失稳的变动区。常年来看,弯道其他部位岸滩失稳幅度和频次均远小于上述两区,这使得蜿蜒型河道在平面上整体向下游蠕动。根据上文研究成果,在河湾不断弯曲下移的过程中,水流漫滩后的泥沙淤积促使黏性河漫滩形成,斜槽切滩导致主槽不断发生侧移,凹岸崩塌使得主槽进一步蜿蜒下移;洪水对畸形弯颈的裁弯有利于形成广阔河漫滩。可见,蜿蜒弯道的蠕动下移单靠滩体冲淤变形是不足以实现的,更重要的河岸推力作用是形成高弯度蜿蜒河道、促进相应河道变形调整向下游传播的根本原因。

3.2.2.1 官洲河段岸滩失稳对下游安庆河段的影响

以安庆—太子矶河段的过渡段为例说明河势调整的联动性现象。研究表明,上游官洲河段的河势变化及出流形势对安庆河段的河势起到决定性作用。20 世纪 70 年代以前,上游东流河段的主流沿天兴洲左汊经洲尾夹江过渡到玉带洲右汊,使东流河段出流靠右,如图 3.2-6 所示,主流经右岸深槽导流直接过渡至左岸同马大堤一侧,与吉阳矶距离较远,导致吉阳矶脱流;进入清洁洲左汊的水流冲刷动力不足,顶冲官洲洲头后转而向右,导致官洲尾部向江心大幅度淤长,洲尾较强的导流作用使官洲出流直接顶冲杨家套—小闸口一带。此时,上游官洲河势增强了小闸口挑流作用,致使安庆河段进口深泓偏左,鹅眉洲左汊进口河槽较为窄深、分流比较大,这也导致 20 世纪 50 年代至 60 年代左汊丁家村—马窝的岸线发生剧烈崩退。

20 世纪 70 年代以后,上游东流河段随着棉花洲与玉带洲之间的夹江内心

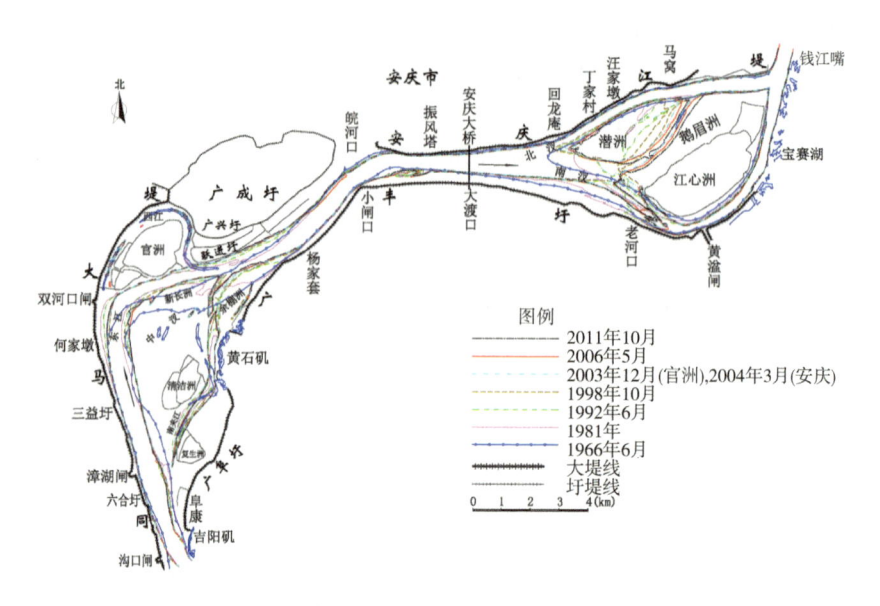

图 3.2-6　官洲—安庆河段的 0 m 等高线变化图

滩的迅速淤积,主流改经天兴洲和棉花洲左汊下行,棉花洲左汊因分流增大而发展成主汊。东流河段出流顶冲官洲河段进口吉阳矶,导致其挑流作用增强,吉阳矶至官洲头部过渡段的主流顶冲点上提,导致左岸六合圩—三益圩崩岸较为剧烈。未被控导的官洲尾部于 1981 年发生崩岸,广成圩边滩受到严重冲刷,致使官洲洲尾汇流点急剧左移并下延。主流从左岸广成圩至右岸杨家套的过渡段随之下移,致使小闸口挑流作用减弱。主流进入安庆河段的过渡段位置相应下移,如图 3.2-7 所示,1966—1981 年,−20 m 深槽下延 1 590 m,且呈单向左展宽,引起左汊安庆港区上首一带严重淤积,汊道分流点大幅度下移,导致鹅眉洲洲头急剧崩退,同期江心洲右汊进口老河口至黄湓闸口岸滩失稳强度增大。

20 世纪 90 年代后,由于官洲出口广成圩岸线的大幅度崩退,小闸口挑流作用进一步减弱,杨家套至皖河口的过渡段深槽向下游移动,引起鹅眉洲头崩退右移,随着左汊口门的拓宽,1997 年鹅眉洲洲头形成相对稳定的心滩,导致左岸安庆港区淤积严重。1997—1998 年,随着心滩不断右移下挫,鹅眉洲左缘进一步崩退,心滩与鹅眉洲之间形成新的汊道,左汊被分为主、次两泓。随着主流过渡至右汊的位置逐渐弯曲下移,江心洲头右缘也逐渐崩退。从上述官洲—安庆河段河势调整的对应情况来看,吉阳矶将上游东流河段的河势调整传递至官洲河段,小闸口又将官洲河段的河势调整继续向下游传递,影响到安庆河段

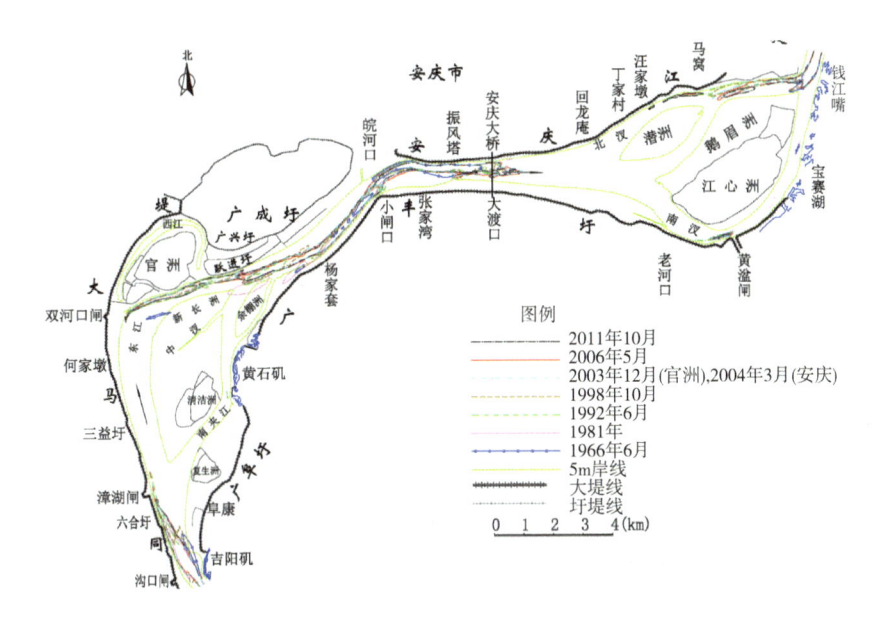

图 3.2-7　官洲—安庆河段-20 m 等高线变化图

的主流发生摆动、滩槽变形甚至两岸及江心洲洲体崩塌等,这再次印证了河势调整传递现象广泛存在,且影响范围较长。

3.2.2.2　芜裕河段陈家洲汊道岸滩失稳对下游马鞍山河段、南京河段的影响

马鞍山河段河势调整与上游陈家洲汊道演变密切相关。20 世纪 80 年代中期以前(图 3.2-8),陈家洲右缘持续崩退,导致洲体左移、左汊淤积、分流比较小,1968 年曾一度断流,且由于陈家洲洲头冲刷形成若干串沟,部分串沟冲开成为分流槽口,使进入陈家洲右汊的水流进一步增加,促使主流右摆,导致东梁山挑流作用增强,在这种河势条件下,主流出东、西梁山后被挑向马鞍山河段的江心洲左汊中央,而后过渡至左汊左岸,再从江心洲尾部过渡至小黄洲右汊,即马鞍山深泓呈一次过渡形式,此时深泓贴岸段主要为新河口—金河口段。

20 世纪 80 年代中期以后(图 3.2-8),陈家洲左汊冲刷发展,0 m 线复又贯通,进入左汊的水流沿左汊下行,同时,曹姑洲、新洲与陈家洲淤并,成为其头部完整的低滩,从左汊经串沟进入右汊的流量大幅度减小,导致西梁山挑流作用增强,主流经东、西梁山后被挑向江心洲左缘上段,下行一段距离后逐渐过渡至江心洲左汊左岸,再过渡至小黄洲右汊,即深泓呈二次过渡。此时,深泓贴岸段

为郑蒲闸—金河口、江心洲左缘上段等部位，20世纪80年代以来，马鞍山深泓二次过渡对上述贴岸段的强烈顶冲导致郑蒲圩段崩岸长度达7.4 km，最大崩退宽度达170 m；江心洲左缘上部也持续崩退，累计后退500余米。

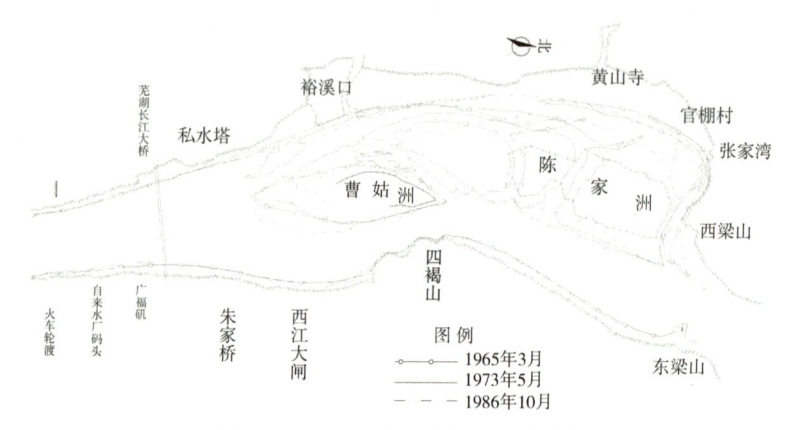

(a) 1965—1986年陈家洲汊道0 m线变化

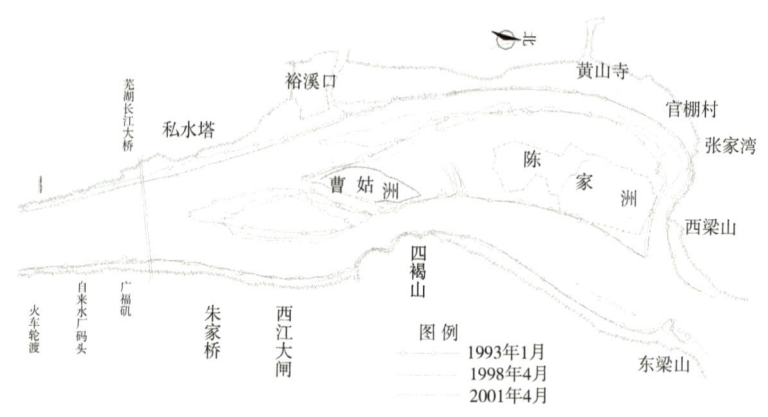

(b) 1993—2001年陈家洲汊道0 m线变化

图 3.2-8　芜裕河段陈家洲汊道1965—2001年河势变化图

如图3.2-9所示，正是由于1959—1986年间芜裕河段陈家洲洲体右缘崩退严重，导致陈家洲右汊发生冲刷，西梁山挑流作用减弱。受其影响，马鞍山河段江心洲左汊深槽较为弯曲，有利于牛屯河—金河口一带形成牛屯河边滩并逐渐淤长下移，江心洲尾部在逐渐下移过程中形成何家洲以及上、下江心滩，后者也不断下移，引起小黄洲头部发生剧烈崩退。上述一系列河势调整现象又继续向下游传递，如图3.2-10所示，新济洲左汊在1954—1986年间由主汊衰退为支汊，右汊出流顶冲陈顶山一带，使其岸线发生剧烈崩退，其对开处生成潜洲；受新济洲河段出

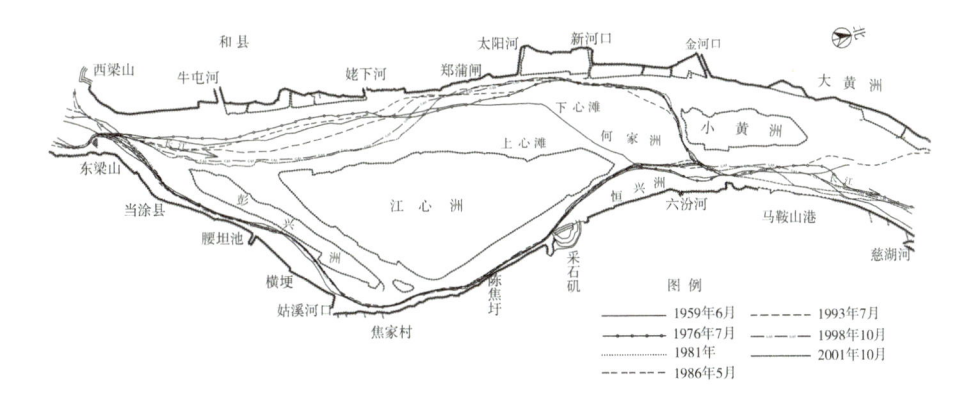

图 3.2-9　马鞍山河段 1959—2001 年深泓线平面位置变化

流顶冲的影响,下游南京河段的梅子洲也持续冲刷后退,在 1954—1986 年间,梅子洲洲头累计崩退下移 1 000 余米,同时,洲尾向江心方向淤长,与梅子洲并生的老潜洲也几近冲失,至 1986 年,仅在梅子洲尾部江中遗留规模较小的潜洲。

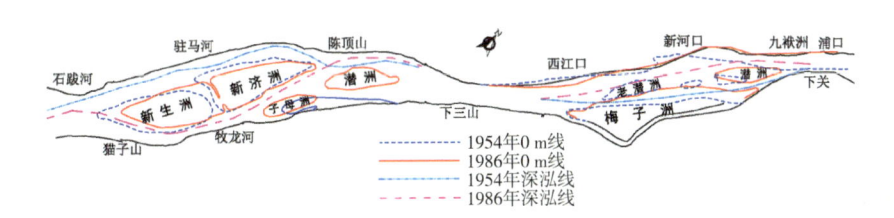

图 3.2-10　新济洲—梅子洲河段演变图

受上游河势调整影响,如图 3.2-11 所示,南京河段下游八卦洲洲头在 1952—1979 年间累计崩退 1 400 余米,促使左汊持续弯曲下移,导致左汊出流顶冲龙潭弯道右岸栖霞山一带发生严重崩岸。在龙潭河道右摆下移过程中,1979 年,在弯道尾部左岸生成兴隆洲,使龙潭弯道由单一弯曲型演变成为微弯分汊型。

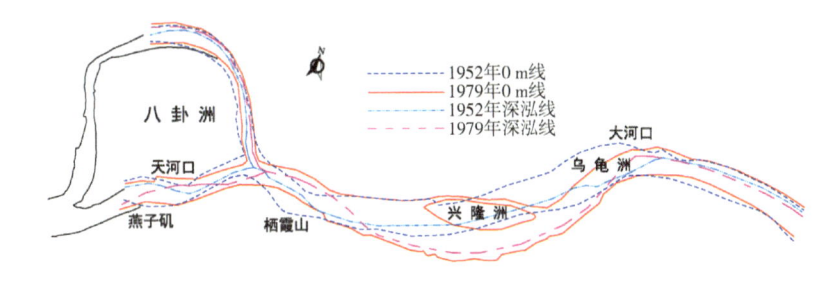

图 3.2-11　八卦洲—龙潭河段演变图

中国科学院地理科学与资源研究所的研究也表明,近百余年来,八卦洲之所以向鹅头型分汊河道方向发展,主要是因为上游新济洲主流位于左汊,梅子洲主流靠右,顶冲南京下关节点,经过下关节点的强挑流作用而使主流进入八卦洲左汊,促使八卦洲发展为鹅头分汊河型,在图3.2-12中可以看到遗留的河床摆动的平行鬃岗式遗迹。由于左汊不断弯曲移动,曲折度越来越大,其出流方向与右汊的交汇角愈来愈大,引起汇流区以下的龙潭弯道自左向右摆动,导致龙潭弯道右岸坍塌至沪宁铁路边缘,左岸也遗留一系列平行鬃岗式遗迹。之后,由于新济洲主流逐渐移至右汊,梅子洲洲头发生崩塌,洲体向下游淤长,导致梅子洲右汊基本淤塞,主流左徙至江心,使下关节点挑流作用减弱,促使主流进入八卦洲右汊,使右汊逐渐发展为主汊。

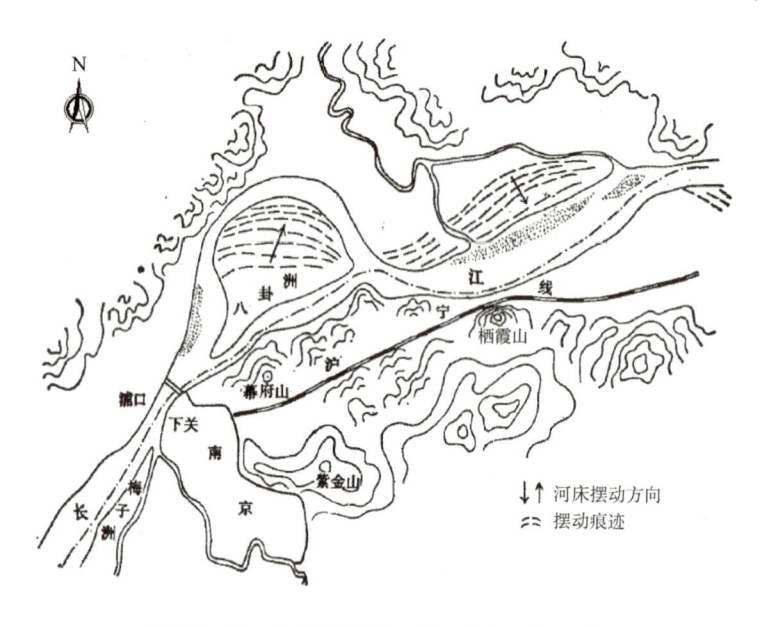

图3.2-12 南京河段近年来河道平面变形过程

南京河段的河床平面摆动又引起下游镇扬河段的河势发生剧烈变化。1865年,世业洲汊道与焦山以下的和畅洲汊道以濒临南岸的河湾衔接。之后,镇扬河道演变主要表现为弯道下移,由于弯道的导流作用,弯道的变化进一步向下游传播,如果右岸深槽向左下方移动,则对岸深槽将向右下方移动,如图3.2-13所示,随着世业洲的下移,征润州边滩不断向东北淤长发展,百年以来,镇江港由凹岸变为凸岸,淹没在征润州腹地之中,金山成为陆地,成为长江中下游河道中河势变迁现象的突出代表。

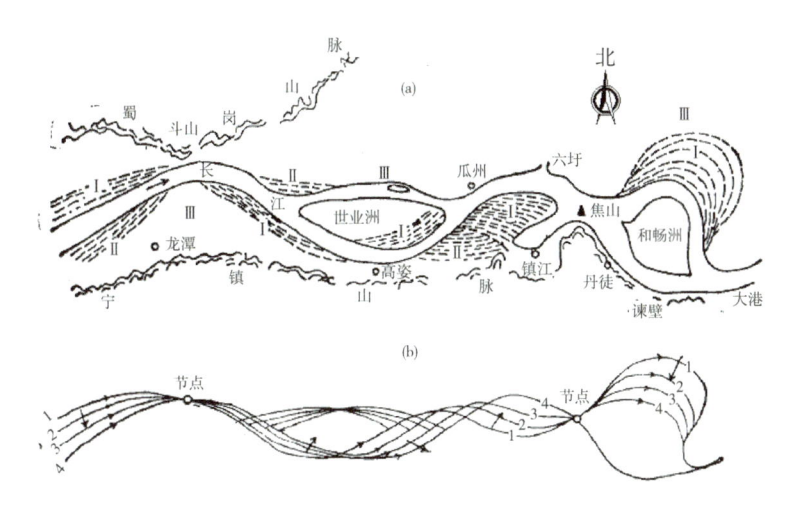

图 3.2-13　镇江—扬州河段的河道平面变形过程

从上述芜裕—镇扬河段的河势调整传递过程中可见,河势调整的传递现象在长江中下游河道演变过程中普遍且广泛地存在。由于上述长河段中缺乏能够阻止这种传递效应的特殊河段,使上游芜裕河段陈家洲河岸的剧烈崩塌一直向下游传递至龙潭弯道,引起龙潭弯道发生河型改变,影响范围长达 150 km。研究长江河段中这种能够阻止河势调整深远传播的特殊河段具有重要实践意义。

3.2.2.3　马当水道与上游河势调整的联动关系

进一步的研究表明,近年来,马当河段河势较为稳定是与小孤山和彭郎矶的控制作用有着直接关系。由于对峙的天然矶头的控制作用,彭泽矶—彭郎矶段河宽始终较窄,仅有 900~1 000 m,呈瓶颈状,为向右微弯型河道。右岸受彭泽矶、扒灰岭等多个节点的制约,抗冲性较强,加之彭泽县马湖堤等人工堤岸工程使该过渡段多年来河势稳定,从而为马当河段进口提供了稳定的入流条件,从而削弱了马当矶由于上游主流摆动而使其挑流作用的强弱发生剧烈变化的可能性,进而阻止了南汊汊内河势的剧烈调整。

3.2.2.4　太子矶水道与上游河势调整的联动关系

如前所述,马鞍山河段的河势演变向下游传递至南京河段的八卦洲,但该传递现象并没有经过前江口—拦江矶过渡段继续向下游传递。分析认为,太子矶入流段近几十年来河势变化不大的原因在于上游主流的平面位置较为稳定(图 3.2-14)。入口处右岸为前江口节点,左岸受黏性土组成的耐冲河岸钳制,河宽一直维持在 900 m 左右，使得上游江心洲两汊汇合后进入本河段的主流只能在有限范围内摆动，深泓始终居右，由于右岸丘陵阶地抗冲性很强，凹岸岸线后退有一定限度，加之末端拦江矶的控制作用（图 3.2-15），进一步限制了该段滩槽的整体下移。分析认为，只要上游水沙条件不发生"质"的变化，安庆与太子矶交接段将始终保持当前河势。

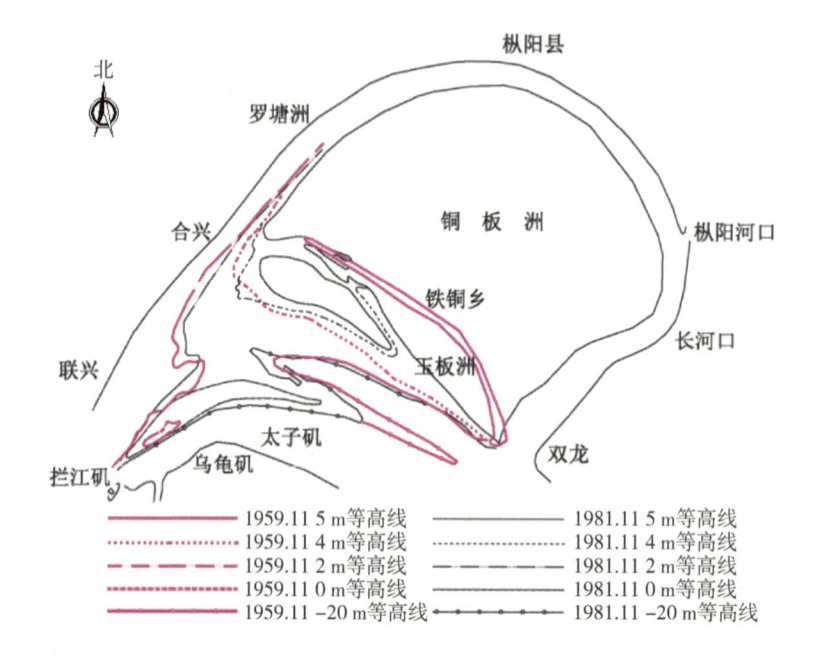

图 3.2-14　太子矶河段 1981 年较 1959 年河势变化图

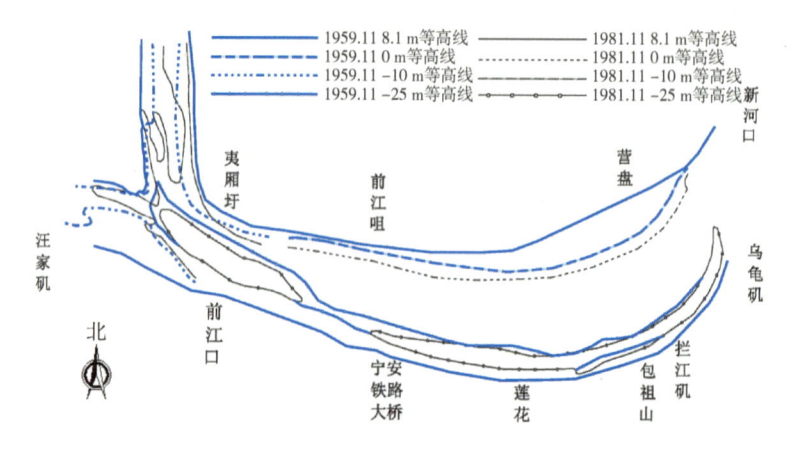

图 3.2-15　前江口—拦江矶过渡段 1981 年较 1959 年河势变化图

近年来，太子矶铜板洲一直稳定少变，由于拦江矶强烈束流导致进口段比降较大，使得主流区始终维持较大分流比和较强的挟沙能力；再者，虽然深泓区紧靠右岸，但右岸已发展到山矶极限，河床又由石质基岩组成，使得上游河势变化不会影响到本河段的河势变化，深泓始终被限制在一定范围内。

从上述长江中下游河势调整的传递及阻隔现象可以看出，芜裕河段陈家洲、官洲河段左岸六合圩—三益圩、官洲出口广成圩岸线崩塌等大范围崩岸是引发下游河势发生剧烈调整的重要原因。通常，能够传递上游河势调整的河段，多是河岸抗冲性不强的河段，当上游河势调整后，随着主流顶冲部位发生调整，河岸崩塌部位也发生改变，崩岸引起河道展宽也将促进主流摆动，进而将上游河势调整向下游传递；能够阻隔河势调整向下游传递的河段，往往是河岸抗冲性较好的河段，即便上游河势剧烈调整，本河段也不会发生大范围、大幅度的崩岸，从而较好地约束水流动力轴线摆动。

可见，主流平面摆动不但在弯道向下游蜿蜒蠕动变形中发挥着重要作用，而且，由于近岸水力特性直接决定了河底水流紊动结构以及泥沙颗粒起动条件，主流带的平面分布又决定着近岸纵向水流强度，进而影响近岸深泓冲刷深度及坡脚淘刷宽度，直接关系到岸坡实际坡比的大小，因此对河岸是否发生崩塌具有决定性作用。以往对岸滩失稳机理的研究，单纯从土力学、河流动力学等领域展开，恰恰缺少对河床演变因素尤其是主流摆动这一关键因素的提炼，从而使岸滩崩塌机理研究与河床演变机理研究脱节。下文基于长江中下游河床演变特性及主流摆动规律，总结断面流速分布公式，进而估算近岸流速，带入混合土岸坡稳定计算方法中，模拟长江中游岸坡的整体稳定性，并结合阻隔性河段作用机理，分析河段阻隔性对岸坡稳定性的影响。

3.2.3 河段联动性强弱对岸滩稳定性的影响

河道宽度略微增加即可能引起主流摆动；同流量级下，断面形态越为狭窄，槽内水体冲刷力越强，深泓下切、滩槽高差加大使主流线越为稳定。因此，河道岸滩失稳后是否会引发河势剧烈调整，取决于岸滩失稳后河道宽度是否仍大于维持河势稳定的临界河宽。若河道仅有单侧局部岸线发生小幅度岸滩冲刷，而另一侧岸滩稳定度较高，总体上两岸上层黏性土临界挂空长度仍然大于下层砂性土的冲退宽度，从而使河宽没有显著变化，这类河岸显然能够维持河势稳定。若单侧河岸发生大幅度冲刷，总体上两岸黏性土挂空长度必然显著小于砂性土冲退宽度，使河宽骤然增加，这类岸滩则难以维持河势稳定。因此，左、右岸的总体岸滩失稳距离共同决定了河道宽度及河势剧烈调整的可能性。统计长江中下游27个单一河段左、右岸的各断面平均的上层黏性土临界挂空长度、下层砂性土冲刷后退距离（"＋"表示砂性土发生冲刷后退），并计算各河段左、右侧河岸的总体失稳距离（"－"表示河岸总体崩退），如图3.2-16所示。

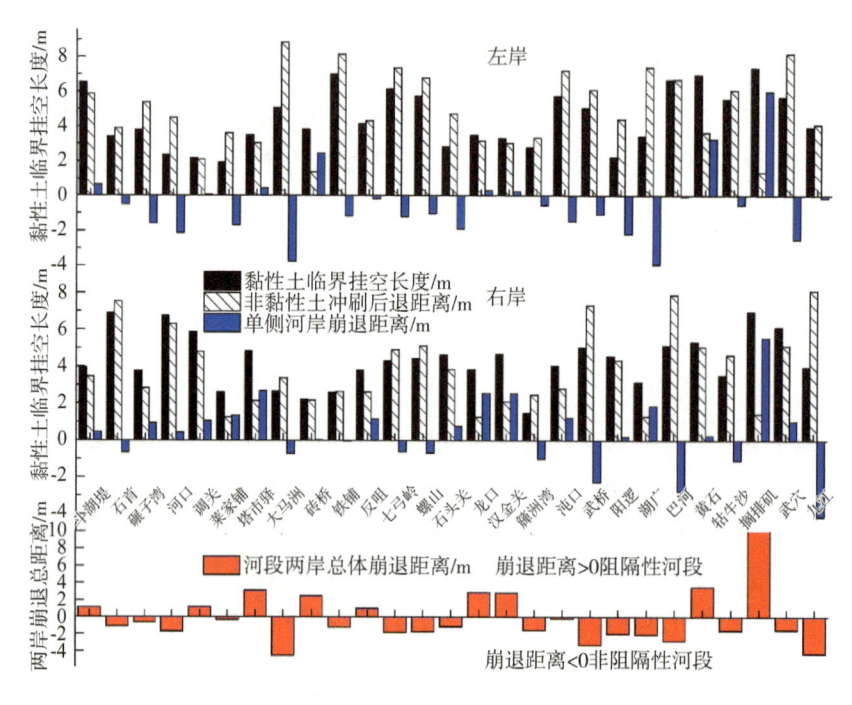

图3.2-16　长江中游各单一河段两岸总体岸滩失稳距离与河段联动性关系

斗湖堤、调关、塔市驿、砖桥、反咀、龙口、汉金关、黄石、搁排矶共9个河段的两岸在总体上，上层黏性土临界挂空长度大于下层砂性土的冲刷后退距离，即两岸的总体崩退距离大于0，说明两岸没有发生崩岸或是岸滩大幅冲刷，或者有单侧发生微弱岸滩失稳，但另一侧岸滩保持稳定，从而能够维持河势稳定需要的临界河宽；当上游河势调整后，本河段相对稳定的岸滩依然能够维持主流位置不变，并阻止将上游河势调整向下游传递，具有非联动性河段的基本特征。反之，剩余的18个单一河段的两岸在总体上，上层黏性土临界挂空长度小于下层砂性土的冲刷后退距离，即两岸在总体上岸滩冲刷距离小于0，说明两岸均有岸滩失稳现象发生，或者一侧岸线稳定，而另一侧发生严重崩岸，使河道发生大幅度展宽，难以维持河势稳定需要的临界河宽；当上游河势调整后，因河岸或岸滩的抗冲性较差、岸滩不稳，本河段河势将随之调整，从而将上游河势调整向下游传递，具有非阻隔性河段特征。

另外，通过建立各河段岸滩抗冲性综合参数与平滩河宽的相关关系发现，岸滩物质组成、矶头及护岸工程等因素对岸滩的稳定性有重要作用，而河岸物质组成中最重要的影响因素是上层黏性土的黏粒含量。将本节计算的两岸总体岸滩失稳距离成果与两岸岸坡平均黏粒含量成果进行对比，如图3.2-17所示，两者呈反比例关系，且相关系数较大，这说明当岸坡组成中黏粒含量较高时，两岸在总体上没有发生崩退（"－"表示冲刷，"＋"表示没有冲刷）；当黏粒含量较低时，两岸在总体上可能发生冲刷。这两种方法的成果基本一致，均能够达到衡量岸滩稳定性及约束主流摆动能力的目的。

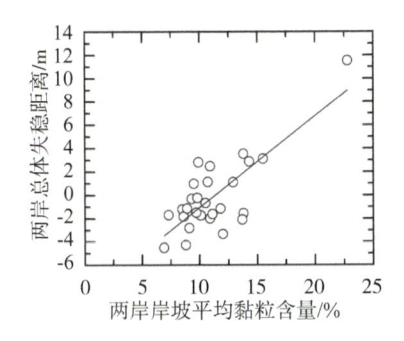

图3.2-17　两岸总体岸滩失稳距离与岸坡平均黏粒含量的关系

综上所述，Fukuoka方法基于土力学原理分析河岸是否发生岸滩失稳，主要针对局部河段的个别断面的稳定性展开分析；而本节基于河床演变原理，根据实验成果确定黏性土抗拉强度及砂性土临界切应力，根据估算的近岸流速确定近岸水流切应力，采用Lane临界切应力推求河宽的方法获得砂性土冲刷后退距离，将其与上层黏性土的临界挂空长度相比较，从而判断岸滩是否发生崩坍并估算河岸岸滩失稳距离。考虑到河段内部个别断面单侧河岸的微弱冲刷或是失稳，不足以导致河段整体性的大幅度展宽，进而引发河势剧烈调整。因此，评价长河段岸滩整体稳定性，应从其中各个断面两侧岸滩的总体情况入手，分析上层黏性土临界挂空长度与下层砂性土冲刷后退距离孰大孰小，从而来衡量河道限制主流摆动的能力，以及能否将上游河势调整向下游传递。

结果表明，从长江中游的斗湖堤、调关、塔市驿、砖桥、反咀、龙口、汉金关、黄石、搁排矶共9个河段的岸滩总体情况来看，上层黏性土临界挂空长度大于下层砂性土的实际冲刷后退距离,两岸在总体上冲刷距离大于 0,不会发生单侧或双侧大幅度冲刷,河岸总体稳定性好,为约束主流摆动提供了相对窄深的河道边界条件,因而为非联动性河段。其他单一河段的上层黏性土临界挂空长度小于下层砂性土的实际冲刷后退距离,两岸在总体上冲刷距离小于 0,较易发生大幅度冲刷,岸滩总体稳定性较差,难以有效约束主流摆动,因而为联动性河段。

3.3 基于物理模型试验的岸滩失稳机理研究

3.3.1 实验方案的确定

3.3.1.1 典型影响因素条件下坡脚冲刷及崩岸特性试验方案

典型影响因素条件下坡脚冲刷及岸滩稳定性试验在长约 40 m、宽 1 m、高 0.5 m 的弯道水槽中进行,采用单因素变化方法进行试验分析。水槽进出口为顺直段,中部试验段为弯曲段,长 5 m,水槽底坡为 2/1 000,水槽内壁为水泥光滑抹面。自上而下每隔 0.5 m 取一个测量断面,依次为 CS01~CS11(图 3.3-1)。

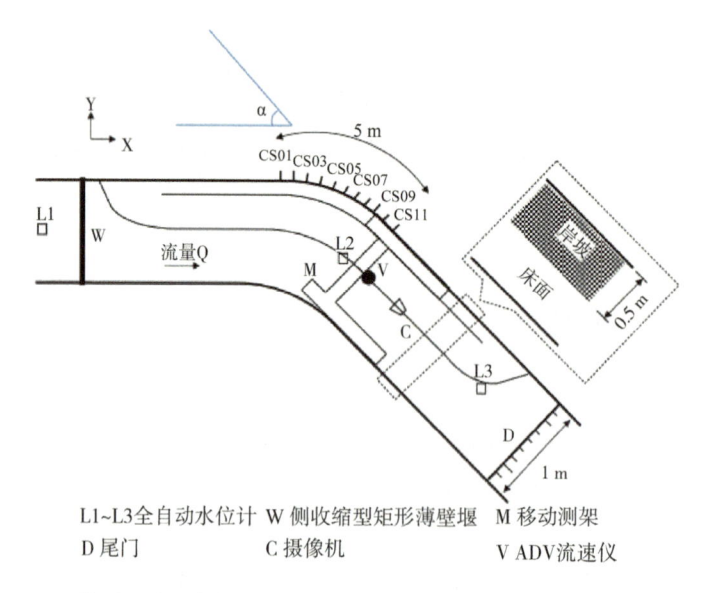

图 3.3-1 典型影响因素条件下坡脚冲刷及岸滩失稳特性试验布置平面示意图

(1) 顶冲角度

仅考虑调整水流顶冲角度以探讨其对坡脚冲刷及崩岸过程的影响时,需要调整水槽平面形态。主要采取的做法是,拆除水槽后半段(弯曲段及出口顺直段),使进出口顺直段交角(锐角,即顶冲角度)从 15°变化至 30°,再变化至 45°,共三组顶冲角度,两顺直段间再用圆弧平顺连接,保证弯曲段长度为 5 m 不变;考虑其他因素时,均采用进出口顺直段交角为 45°的水槽形态。

(2) 流速

仅考虑流速大小对坡脚冲刷及崩岸过程的影响时,调节进口流量从 26.4 L/s 变化至 43 L/s,再变化至 62.9 L/s,共三组流量,同时调节尾门高度,控制顶冲断面处为预设水位,并保持不变;考虑其他因素时,采用进口流量为 62.9 L/s,控制水面比降不变。

(3) 岸坡分层比例

考虑分层比例对坡脚冲刷及崩岸过程的影响时,参考上、下荆江典型二元岸坡结构,选取黏土层与砂土层厚度比例分别为 1∶3 和 3∶1,并进行比较试验;考虑其他因素时,分层比例选为 1∶3。

(4) 岸坡角度

仅考虑岸坡角度对坡脚冲刷及崩岸过程的影响时,选取典型坡度为 15°和 25°,并进行比较试验;考虑其他因素时,岸坡角度选为 25°。

(5) 床面处理

典型影响因素条件下坡脚冲刷及崩岸特性试验主要探讨不同影响因素对坡脚冲刷及崩岸的宏观特性,在试验过程中,我们仅对岸坡区域进行了铺设,床面部分为水槽底面,未做特殊处理。

试验工况见表 3.3-1,各工况条件下试验断面示意图如图 3.3-2 所示。

表 3.3-1 典型影响因素条件下坡脚冲刷及崩岸特性试验工况安排

工况	顶冲角度 α (°)	流量 Q (L/s)	分层厚度比例	坡角(°)	水面比降 J	备注
A1	45	62.9	1∶3	25	4/1 000	顶冲断面水位 0.12 m
A2	30	62.9	1∶3	25	4/1 000	—
A3	15	62.9	1∶3	25	4/1 000	—
A4	45	43	1∶3	25	2/1 000	顶冲断面水位 0.12 m
A5	45	26.4	1∶3	25	8/10 000	顶冲断面水位 0.12 m
A6	45	62.9	3∶1	25	4/1 000	—
A7	45	62.9	1∶3	15	4/1 000	—

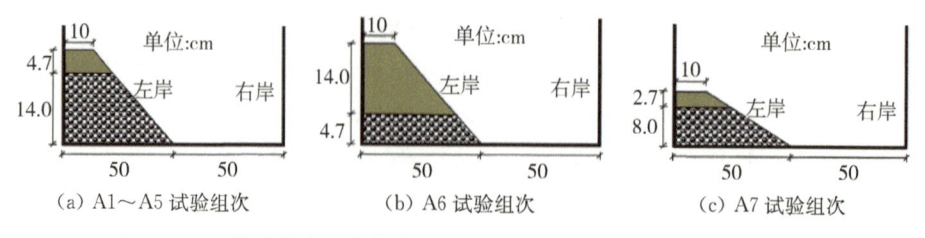

图 3.3-2　典型影响因素条件下坡脚冲刷及崩岸特性试验工况示意图

3.3.1.2　基于坡脚冲刷的崩岸水沙动力学机理试验方案

基于坡脚冲刷的崩岸水沙动力学机理试验在长约 25 m、宽 0.84 m、高 0.6 m 的直水槽中进行。水槽中部为试验段，长约 10 m，试验段右岸岸壁侧设置钢化玻璃，便于观察和记录，如图 3.3-3 和图 3.3-4 所示。

图 3.3-3　基于坡脚冲刷的崩岸水沙动力学机理试验水槽概况

（1）土体结构

基于坡脚冲刷的崩岸水沙动力学机理试验，主要关注的部位是岸坡水面以下的砂土层部分，因此在试验过程中，不设置上覆黏土层，仅设置砂土层。

（2）岸坡角度

与典型影响因素条件下坡脚冲刷及崩岸特性试验一致，考虑长江中下游岸坡平均坡度在 19°~24°之间，试验中也分别采用 15°和 25°两种岸坡角度。

（3）流量与比降

从加快冲刷过程及缩短冲刷时间的角度出发，设置试验段河床及水面比降均为 2/1 000，试验水流近似为均匀流。根据水槽沙样起动切应力及沙波运动形态与长江中下游天然河道相似，以及试验均匀流控制条件，经预备试验确定流量：25°时为 22.22 L/s，15°时为 13.89 L/s。

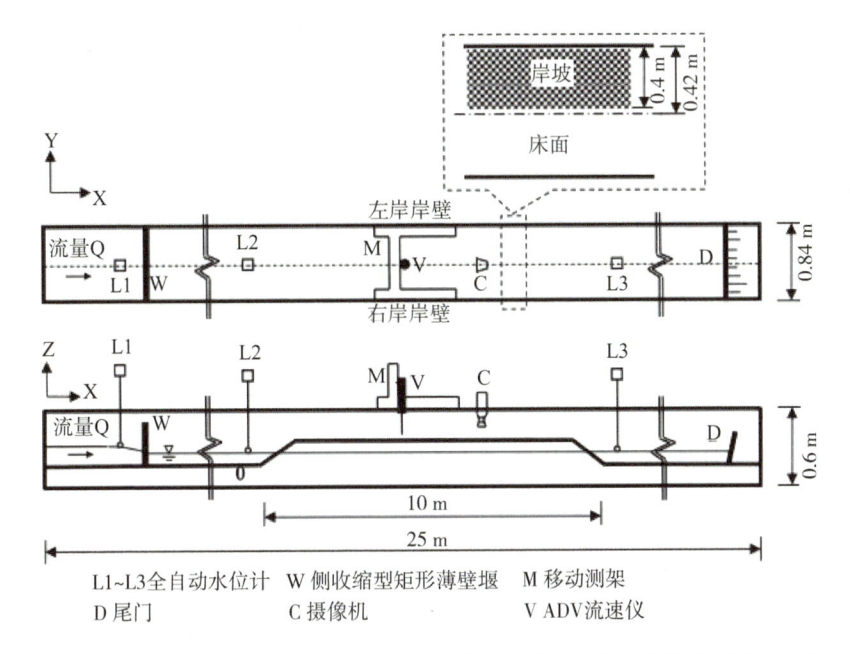

图 3.3-4　基于坡脚冲刷的崩岸水沙动力学机理试验布置平面及纵剖面示意图

(4) 床面处理

由于基于坡脚冲刷的崩岸水沙动力学机理试验需要考虑水流作用条件下岸坡与床面泥沙输移交换，因此在河床部分也进行了铺设，铺设沙样与岸坡材料一致。

试验工况见表 3.3-2，各工况条件下试验断面如图 3.3-5 所示。

表 3.3-2　基于坡脚冲刷的崩岸水沙动力学机理试验工况表

工况	流量(L/s)	水面比降	岸坡角度	水深(m)	岸坡底宽(m)	岸坡坡高(m)	平均流速(m/s)	冲刷时间(h)
B1	13.89	2/1 000	15°	0.07	0.4	0.11	0.35	1
B2	22.22	2/1 000	25°	0.09	0.4	0.19	0.46	1

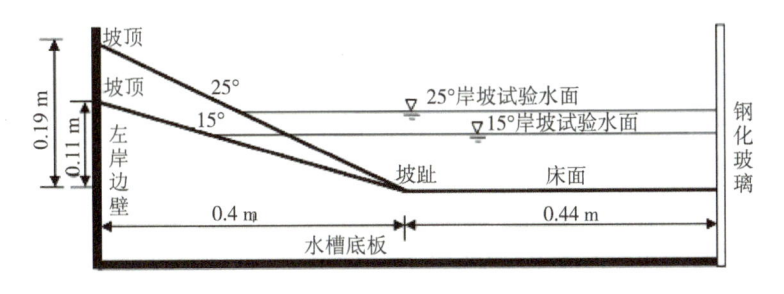

图 3.3-5　工况 B1～B2 典型断面示意图

3.3.1.3 护岸条件下崩岸试验方案

护岸条件下崩岸试验也在直水槽中进行,试验流量、水面比降、岸坡土体条件、床面处理等与基于坡脚冲刷的崩岸水沙动力学机理试验岸坡角度 25°的工况(即 B2 工况)一致,只是在护岸材料和控导部位设置上有所变化。

(1) 护岸材料

护岸材料选取石子模拟散体抛石护岸材料,选取铝箔贴布模拟混凝土联体块护岸材料。

(2) 控导部位

根据基于坡脚冲刷的崩岸水沙动力学机理试验的相关成果以及实际护岸段崩岸护岸控导范围,按照选择控导"坡脚区域"或控导"坡趾区域",或"全护"等不同情况,拟定了试验工况,见表 3.3-3,各工况断面示意图如图 3.3-6 和图 3.3-7 所示。

表 3.3-3 护岸条件下崩岸试验工况表

散体护岸试验工况	散体铺设范围	排体护岸试验工况	排体铺设范围
C1	0~1/3 h 高程范围的岸坡表面	D1	0~1/3 h 高程范围的岸坡表面
C2	0~2/3 h 高程范围的岸坡表面	D2	0~2/3 h 高程范围的岸坡表面
C3	2/3 h~h 高程范围的岸坡表面	D3	2/3 h~h 高程范围的岸坡表面
C4	1/3 h~h 高程范围的岸坡表面	D4	1/3 h~h 高程范围的岸坡表面
C5	0~h 高程范围的岸坡表面	D5	0~h 高程范围的岸坡表面
		D6	0~h 高程范围的岸坡表面,床面延伸铺设 1/3 h 的斜坡长度
		D7	0~h 高程范围的岸坡表面,床面延伸铺设 2/3 h 的斜坡长度

3.3.2 典型影响因素条件下坡脚冲刷及崩岸特性试验研究

3.3.2.1 弯道水流顶冲作用特性

以工况 A1 为例,说明弯道河段水流顶冲作用特点(图 3.3-8)。试验观测到,水流直接顶冲作用于 CS05 断面,但最先出现崩岸现象的却是 CS06 断面,而 CS04 断面冲刷崩退略晚于 CS06 断面。图 3.3-9 给出了 A1 工况下顶冲断面附近纵向水流垂线平均流速分布情况。由于岸坡的存在,水槽左右岸流速分布并不对称,左岸附近平均流速小于右岸。从沿程上看,顶冲断面处断面平均流速最大,下游次之,上游最小;而就流速分布而言,自上而下断面流速分布越来越不均匀。

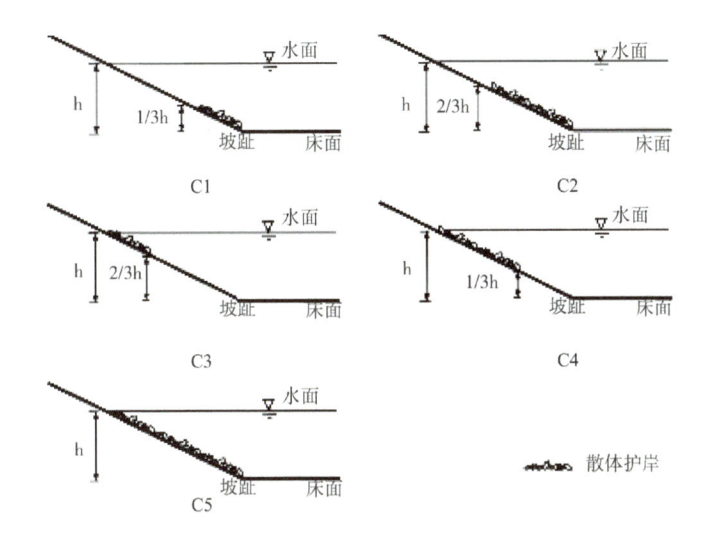

图 3.3-6　工况 C1~C5 断面示意图

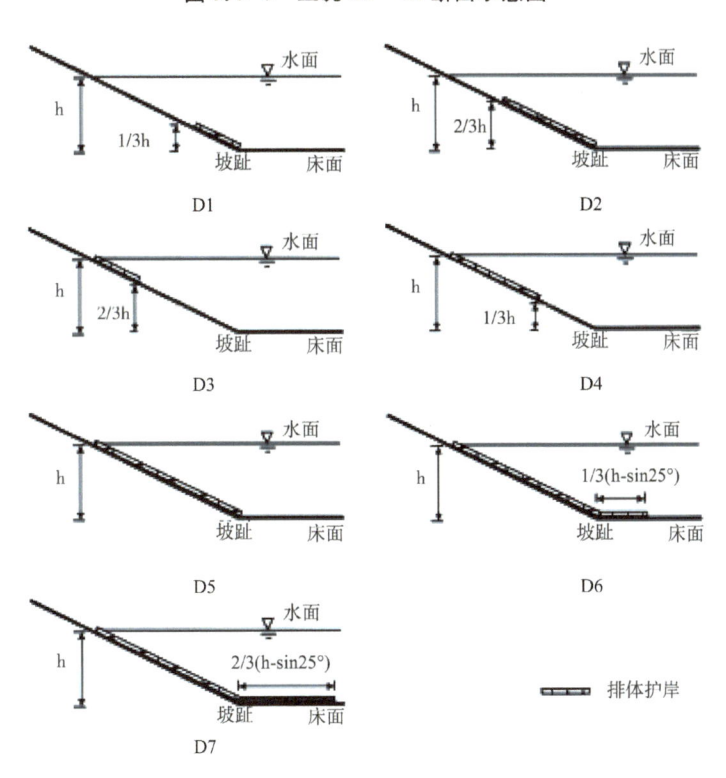

图 3.3-7　工况 D1~D7 断面示意图

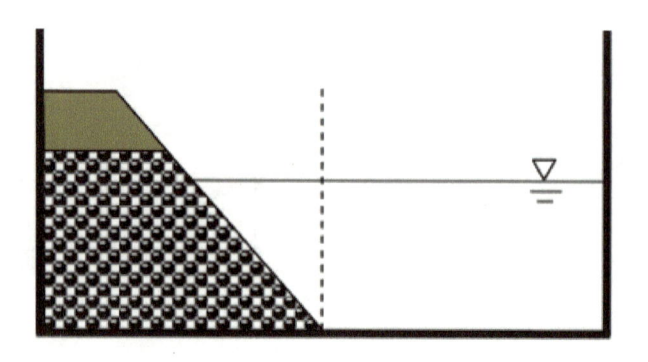

图 3.3-8　A1 工况条件下典型断面示意图

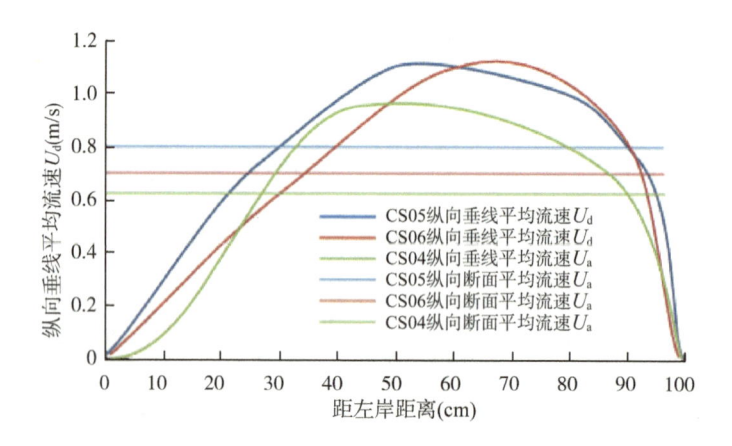

图 3.3-9　A1 工况下顶冲断面附近纵向垂线平均流速及断面平均流速分布情况

弯道河段典型的二次流是引发凹岸崩退的重要原因之一。取横向流速与断面平均流速之比 V/U_a 作为弯道二次流强度指标(设定离岸为正,向岸为负),以断面中垂线的二次流强度指标作为探讨依据,将 A1 工况下顶冲断面附近二次流作用强度绘于图 3.3-10 中。断面中心垂线上二次流强度随水深呈"S"形分布,水面附近二次流流向河岸,河床附近二次流流向河槽。从沿程上看,顶冲断面 CS05 下游的 CS06 断面二次流强度最大,其中尤以坡脚附近的二次流强度为大,接近断面平均流速的十分之一。CS05 断面二次流强度居中,其上游 CS04 断面最弱。

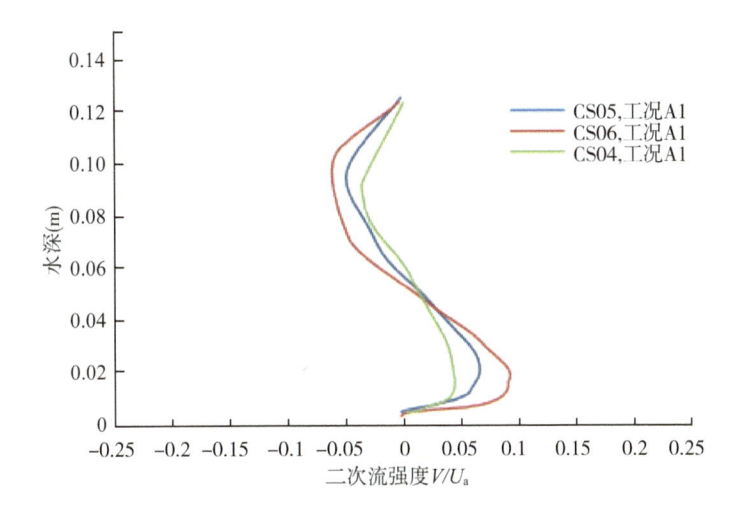

图 3.3-10 A1 工况条件下顶冲断面附近二次流强度情况

图 3.3-11 给出了 A1 工况下 CS04～CS06 断面崩岸最终地形,结合纵向流速分布及二次流强度分布情况可以推断,二次流强度在一定程度上决定了岸坡崩岸的幅度,即二次流强度越大,崩岸越剧烈;此外,纵向水流强度又在一定程度上决定了崩落物质的二次搬运,即纵向水流强度越大,其向下游输移泥沙的能力就越强,坡脚堆积的泥沙就越少。

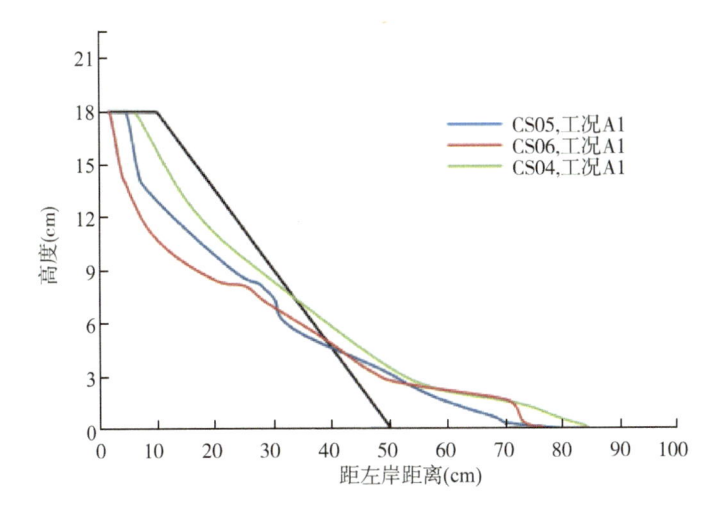

图 3.3-11 A1 工况 CS04～CS06 断面最终地形情况

3.3.2.2 不同顶冲角度下冲刷与崩岸特性

利用顶冲断面的纵向流速分布及二次流分布特点来比较工况 A1~A3,将各工况顶冲断面纵向垂线平均流速分布及中心垂线上二次流强度分布分别绘于图 3.3-12 与图 3.3-13 中。不同顶冲角度下各顶冲断面的纵向流速无论是垂线平均流速分布还是断面平均流速分布,总体上相差不大。就垂线平均流速分布而言,顶冲角度越小,其分布越均匀;就断面平均流速分布而言,则出现顶冲角度越小,断面平均流速越大的情况。从顶冲断面中心垂线上二次流强度分布可知,顶冲角度越大,二次流强度则越大,反之亦反。

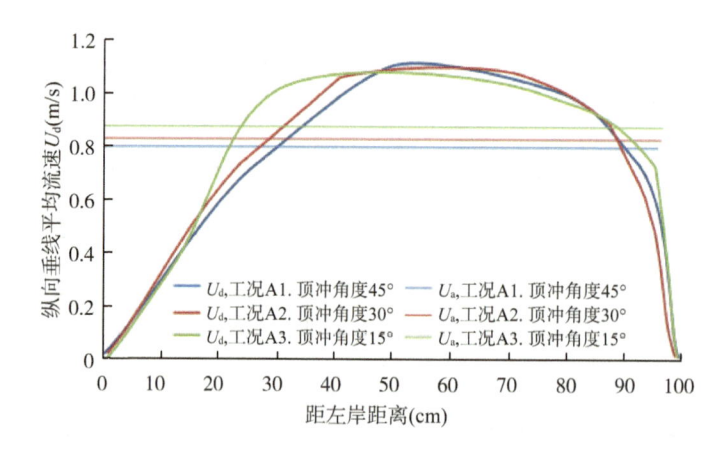

图 3.3-12　A1~A3 工况下顶冲各断面纵向垂线平均流速及断面平均流速分布情况

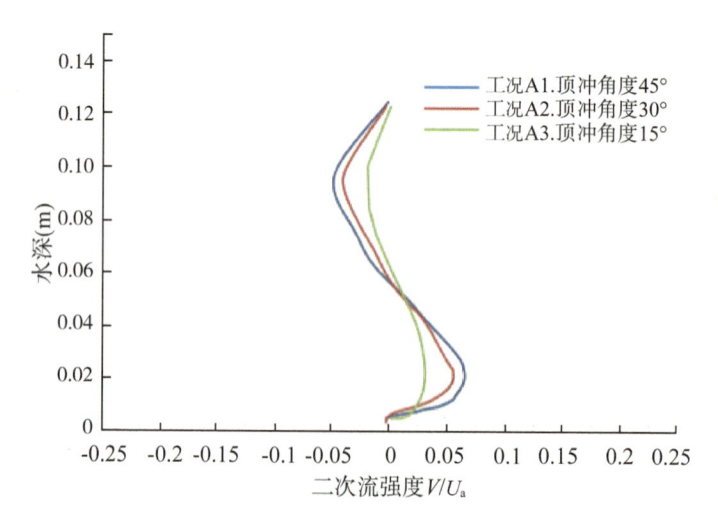

图 3.3-13　A1~A3 工况下顶冲断面二次流强度情况

结合崩塌后河岸的最终地形(图 3.3-14)来说明不同顶冲角度对崩岸特性的影响。分析发现,顶冲角度越大,岸坡崩岸变形的幅度也越大,但由于顶冲角度越大,相同条件下,水流纵向流速会越小,说明水流对崩落物质向下游疏松的能力就越弱,崩落的土体及沙块则会较多堆积于坡脚。

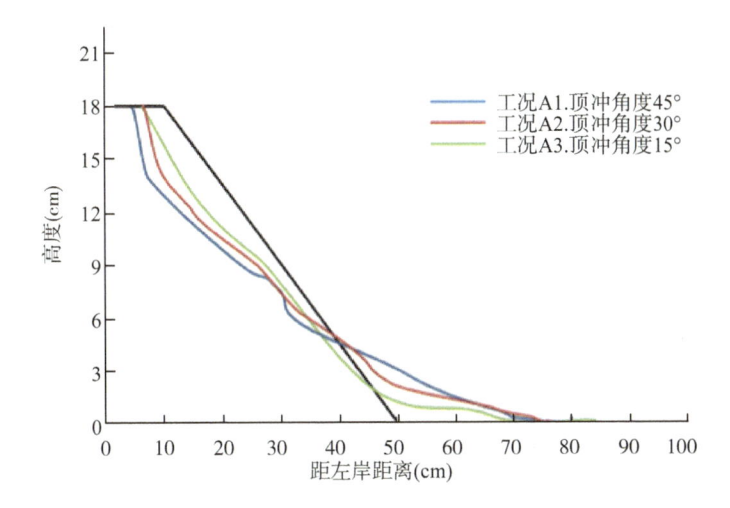

图 3.3-14　A1～A3 工况下顶冲断面崩塌后河岸最终地形情况

3.3.2.3　纵向流速对冲刷及崩岸过程的影响

通过弯道水槽试验工况 A1、A4 及 A5 的对比分析,可以得到纵向流速对岸坡冲刷及崩岸过程的影响。在试验初始阶段,利用"小威龙"及测架对弯道观测段水流流速大小及方向进行了监测,发现不同纵向流速下,顶冲断面位置基本位于 CS05。分别将 A1、A4 及 A5 工况下,顶冲断面纵向水流流速的垂线及断面平均分布情况、顶冲断面中心垂线上二次流强度,以及顶冲断面处崩岸的最终地形绘于图 3.3-15～图 3.3-17 中。

不同工况下,进口流量越大,纵向流速总体也越大,二次流强度随纵向流速的增加会再有小幅增加,这说明纵向流速的增加会在一定程度上加强断面的横向输沙,从而引发崩岸。此外,由于纵向水流起到向下游输送崩岸沙体的作用,因此可以推断,纵向水流的增加会对坡脚冲刷及后续崩岸起到双重叠加的作用。

3.3.2.4　岸坡分层比例对冲刷及崩岸过程的影响

通过弯道水槽试验工况 A1 与 A6 的对比分析,可以得到岸坡分层比例对冲刷及崩岸过程的影响。试验观察发现,岸坡黏土层与沙土层厚度比例为 1:

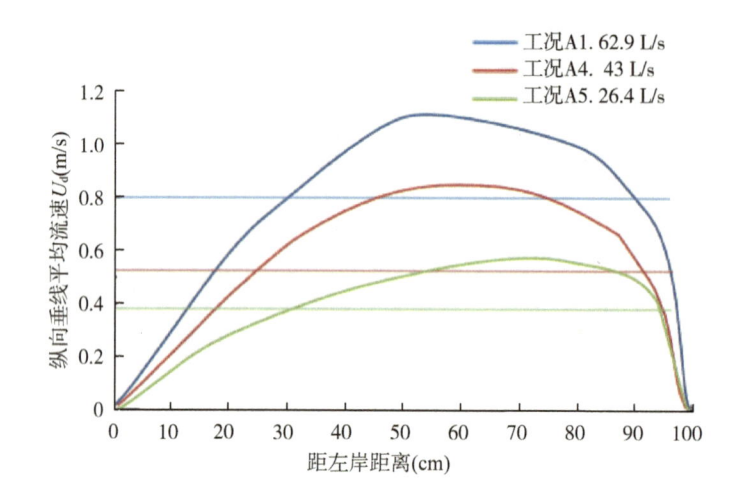

图3.3-15　A4和A5条件下顶冲断面纵向垂线平均流速及断面平均流速分布图

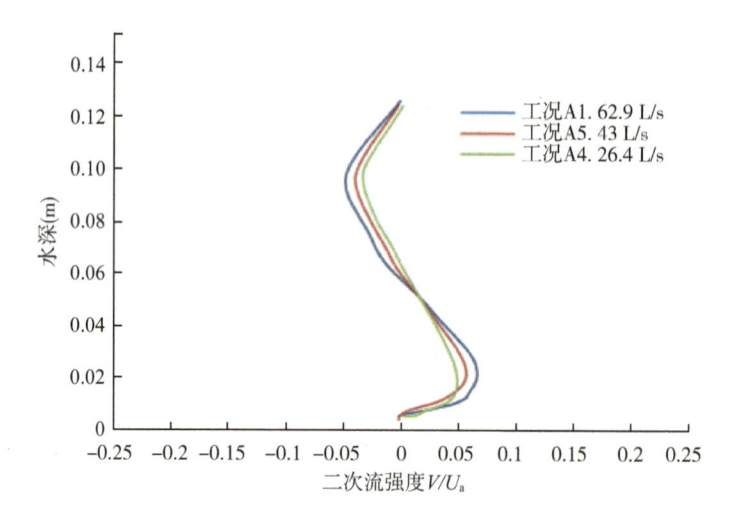

图3.3-16　A1、A4和A5工况条件下断面二次流强度情况

3时,即A1工况,岸坡冲刷崩退主要是有平面或圆弧滑动破坏两种,其中以平面滑动为主。而当厚度比例为3∶1时,即A6工况,河岸崩塌类型主要有剪切、拉伸和悬臂破坏三种,发生力学条件是当悬空土块的宽度超过临界值时,自身产生的重力矩大于黏土层的抵抗力矩,使其绕中性轴产生向河槽方向的旋转运动,上部悬空的黏土层力学平衡原理即为河岸崩塌发生的力学机理。

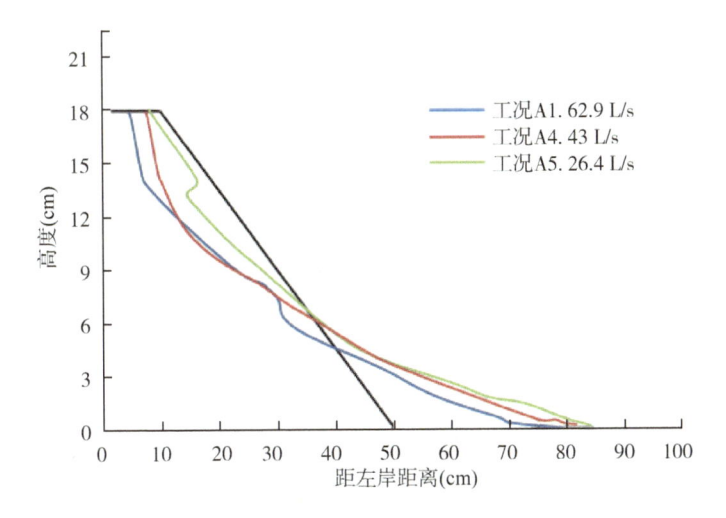

图 3.3-17　A1、A4 和 A5 工况条件下断面崩塌后最终地形

图 3.3-18　A6 工况条件下崩岸试验主要为悬臂梁破坏

3.3.2.5　岸坡角度对冲刷及崩岸过程的影响

通过弯道水槽试验工况 A1 与 A7 的对比分析,发现相同流量、水面比降及入射角度及岸坡物质分层比例条件下,25°(A1 工况)条件下弯道水槽冲刷和崩岸情况均远大于 15°情况。可见,不同的岸坡坡角实际上反映的是岸坡物质的运动趋势状态,坡角越陡(越接近于泥沙休止角),岸坡物质起动就越容易。此外,由于水流条件相同,岸坡越缓,过水面积就越大,纵向水流平均流速就越小,水流冲刷岸坡的直接作用就会减弱,因此发生的冲刷及崩岸的体量也会越小,进程也会越慢。

3.3.3　基于坡脚冲刷的岸滩水沙动力学机理试验研究

3.3.3.1　崩岸水沙动力过程

对比不同河段内崩岸的剧烈程度,一般比较相同时间内,沿水流方向一定距离范围内的崩塌土体体积之和,体积之和越大则表明其崩岸越剧烈。本试验中,崩岸的频次较高,崩塌土体体积的采集难度较大,故而若采用上述方法来对比,则步骤烦琐,误差极大,为此便需要定义一个科学合理、直观明了的指标来反映试验中崩岸的剧烈程度。

考虑到试验过程中,岸坡并未完全淹没于水下,因此当崩岸发生时,近水侧的水上岸坡土体崩塌下来,逐渐被水流冲蚀,远水侧未崩塌土体的岸壁可以短时间内陡峭地立于水面之上,这整个过程宏观表现为岸坡崩退。伴随着时间的推移,崩岸现象持续发生,未崩塌土体的岸壁高度也逐渐增大,这一崩退过程具有相似性,如图 3.3-19 所示,图中 t_0、t_1、t_2……为随时间不断增大的时间参数。因此在一定的冲刷时间内,相同的岸坡条件下,若水面以上未崩塌土体的岸壁高度越大,则岸线崩退越深,已崩塌的土体体积也越大,崩岸就越剧烈。

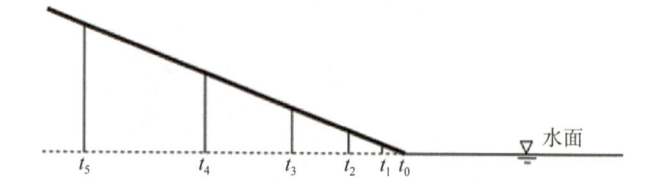

图 3.3-19　水面以上未崩塌土体崩退示意图

基于这一点,本研究认为,可采用远水侧未崩塌土体的岸壁高度(简称"崩塌高度")这一指标来对比相同岸坡条件下的崩岸剧烈程度。显著小于图 3.3-21 的崩塌高度,也就表明图 3.3-20 崩岸剧烈程度要小于图 3.3-21。但值得注意的是,对比本研究试验中不同岸坡角度条件下的崩岸剧烈程度,若缓坡的崩塌高度较小,这并不能说明缓坡的崩岸不剧烈,而是需要综合考虑崩塌高度、崩退深度、单次崩塌土体体积及岸坡的外部形态等诸多情况。在图 3.3-20、图 3.3-21 为 25°岸坡工况中,分别冲刷 10 min 和 30 min 后,以近乎平行于水面的视角拍摄的两者的崩塌高度。

图 3.3-20　冲刷 10 min 后崩塌高度 　　　　图 3.3-21　冲刷 30 min 后崩塌高度

经观察、记录和分析,本研究将崩岸前后,水下岸坡表面的冲刷演变过程按时间顺序划分为 T0～T7 这 8 个阶段,如下详述。

T0 阶段,泥沙普遍起动,床面较为平整。

T1 阶段,在岸坡的近坡趾区域(下文简称"坡趾区域"),短时间内有多条沿程近乎平行的沙纹形成(下文简称"初始沙纹"),如图 3.3-22 所示。

T2 阶段,初始沙纹向岸坡的坡顶及坡趾方向横向延展,发育演变形成沙垄;在初始沙纹的下游坡顶方向相继出现多条沙纹;沿水流方向,岸坡的坡趾区域同时也有更多的沙纹显现,后续不断地横向延展和发育,如图 3.3-23 所示。对比 15°及 25°岸坡工况,前者岸坡表面出现的沙垄波长更大,背水面更陡。

图 3.3-22　25°岸坡工况 T1 阶段 　　　　图 3.3-23　25°岸坡工况 T2 阶段

T3 阶段,大部分沙垄将横向延展至岸坡的近水面附近,在近水面附近沙垄呈圆弧状并弯向上游,表现为独特的月牙外形(下文简称"月牙形沙波"),其中月牙形沙波与岸壁之间形成了一条深槽通道;与月牙形沙波相连的坡趾方向则是呈带状的沙波(下文简称"带状沙波")。上述两类不同外形的沙波实际上是自近水面附近至坡趾附近的一条完整沙波,沙波的迎水面、脊线、背水面均彼此

连通，平顺连接，仅在近水面附近呈现圆弧状，而其他区域则呈带状，如图 3.3-24 所示。

试验中可显著观察到，水流迅速淘刷水面附近的岸坡边壁及月牙形沙波附近，淘刷下来的泥沙一部分沿水流方向纵向输移，其余绝大部分在自身重力的作用下沿月牙形沙波的背水面波谷深槽、带状沙波的背水面波谷深槽剧烈地向坡趾方向横向输移，如图 3.3-25 所示。

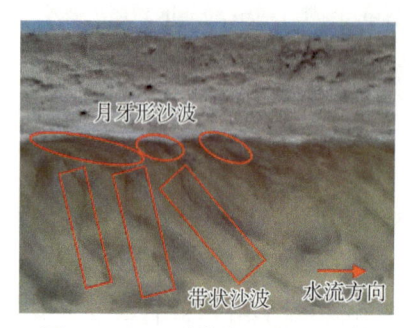

图 3.3-24　25°岸坡工况 T3 阶段

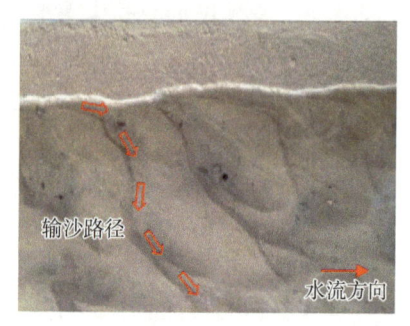

图 3.3-25　沙波背水面横向输沙示意图

T4 阶段，近水面岸坡边壁被持续淘刷，逐渐变得高耸，土体内侧伴随有滑移裂缝形成，这是由于试验所用的细砂在充分湿润后能够表现出一定程度的"黏性"，称之为"假黏性"，故而试验中的水上岸坡边壁能够在短时间内保持陡耸的状态而不垮塌。但伴随着水流的继续冲刷，岸壁继续变陡直至无法维持稳定而发生崩塌，如图 3.3-26 所示。崩塌土体随后覆盖于月牙形沙波与边壁之间的深槽通道内或月牙形沙波附近，部分"溶解于"月牙形沙波，构成了沙波的一部分，剩余部分则在水流作用下不断分解。一定时间内水流流速变缓，冲刷及输移也相应变得缓和。此外，受局部水流的冲刷影响，岸坡表面部分区域的月牙形沙波与带状沙波断开，带状沙波开始演变，呈不规则外形。但本研究后续不考虑此类情形，仅考虑带状沙波与月牙形沙波平顺相连的情况。

T5 阶段，崩塌土体塌落后，由于沿程岸线的不平顺，在紧邻崩塌土体的上、下游附近通常有竖轴漩涡形成。漩涡急剧淘刷塌落土体及附近岸壁，塌落土体逐渐被分解，分解的泥沙沿月牙形沙波的背水面波谷深槽向坡趾方向输移。如图 3.3-27 即为竖轴漩涡的局部放大图。

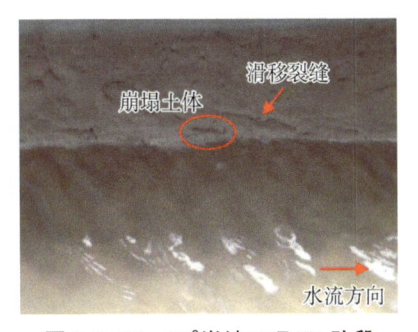

图 3.3-26　25°岸坡工况 T4 阶段 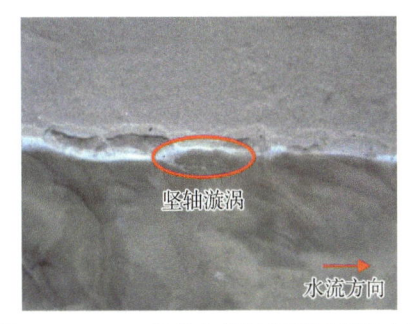　　图 3.3-27　T5 阶段中竖轴漩涡局部放大图

T6 阶段，伴随着塌落土体逐渐被水流淘蚀殆尽，月牙形沙波附近的水流流速再次加速，对边壁的淘刷及泥沙的输移也再次加剧。试验过程中 T3～T6 阶段的现象反复出现，岸线持续崩退。

T7 阶段，冲刷 60 min 后，15°及 25°岸坡试验中均有土体未崩塌，且目测来看，15°岸坡工况的崩塌高度远小于 25°岸坡工况，如图 3.3-28 和图 3.3-29 所示。

图 3.3-28　15°岸坡工况 T7 阶段 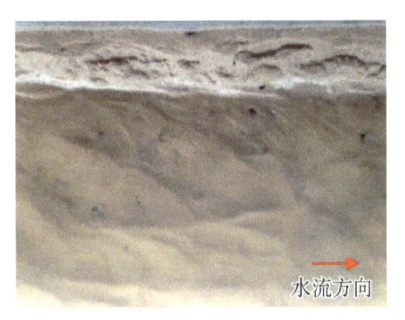　　图 3.3-29　25°岸坡工况 T7 阶段

将上述 T0～T7 阶段以流程图的形式表现出来，如图 3.3-30 所示。

在两组岸坡工况的试验过程中，对崩塌高度进行测量记录，绘制出两工况中随时间变化的崩塌高度变化图，如图 3.3-31 所示。初始时刻，两种工况的崩塌高度均为 0。图中表明，随着时间的增加，两种岸坡工况的崩塌高度均呈现增大趋势，可见在相同的岸坡工况中，随着时间的增加，崩岸的剧烈程度也逐渐增大。此外，在相同时刻，25°岸坡工况中的崩塌高度均比 15°岸坡大，可见在相似的水流冲刷条件下，随着水流的冲刷，坡度越陡的岸坡工况，其崩塌高度越大，图中表明 15°及 25°岸坡工况的崩塌高度分别介于 0～0.04 m 和 0～0.08 m 之间。经对数拟合上述两组数据点，可得到本试验中 15°岸坡崩塌高度的拟合曲线为 $y=0.005\,7\ln(x)+0.036\,6$，25°岸坡崩塌高度的拟合曲线为 $y=0.003\,3\ln(x)+0.015\,2$。

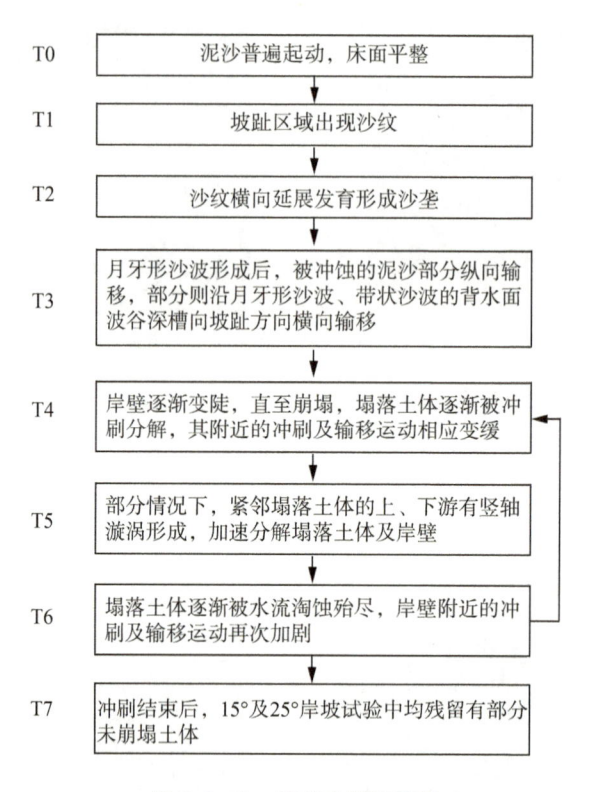

T0	泥沙普遍起动，床面平整
T1	坡趾区域出现沙纹
T2	沙纹横向延展发育形成沙垄
T3	月牙形沙波形成后，被冲蚀的泥沙部分纵向输移，部分则沿月牙形沙波、带状沙波的背水面波谷深槽向坡趾方向横向输移
T4	岸壁逐渐变陡，直至崩塌，塌落土体逐渐被冲刷分解，其附近的冲刷及输移运动相应变缓
T5	部分情况下，紧邻塌落土体的上、下游有竖轴漩涡形成，加速分解塌落土体及岸壁
T6	塌落土体逐渐被水流淘蚀殆尽，岸壁附近的冲刷及输移运动再次加剧
T7	冲刷结束后，15°及25°岸坡试验中均残留有部分未崩塌土体

图 3.3-30　试验阶段流程图

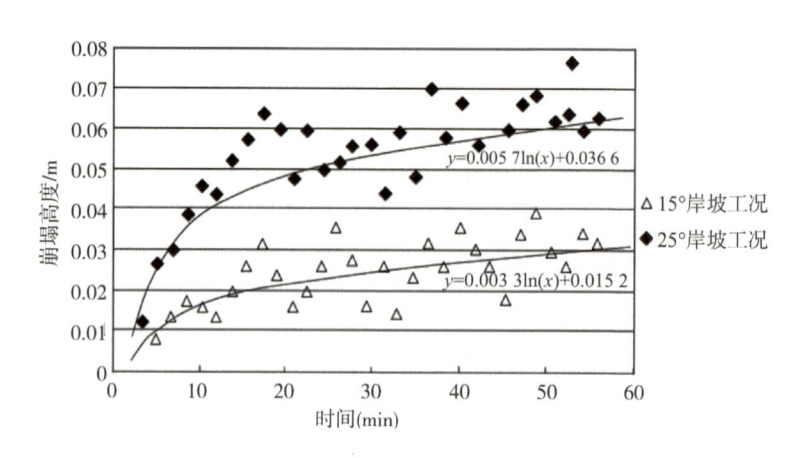

图 3.3-31　不同岸坡工况随时间变化的崩塌高度变化图

3.3.3.2　试验水流特性

在基于坡脚冲刷的崩岸水沙动力过程中，水流、泥沙、土体相互影响，为了解这一过程中的水沙相互作用关系,试验中对其进行了细致观察和量测(图 3.3-32)。

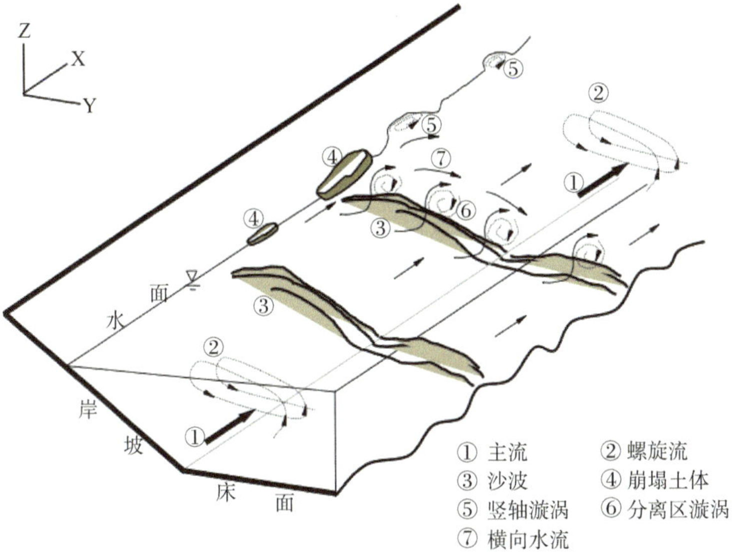

图 3.3-32　崩岸过程中水沙相互作用示意图

图 3.3-32 表明崩岸过程中的水沙相互作用,关系复杂多样。其中①是主流;②是绕主流方向逆时针方向旋转的螺旋二次流;③是岸坡表面和床面分布的沙波;④是正在崩塌的土体;⑤是由于岸线不平顺,形成绕 Z 轴逆时针旋转的竖轴漩涡,竖轴漩涡急剧淘刷崩塌土体或岸坡边壁,岸线呈圆弧状;⑥是水流越过沙波背水面后,发生了流线分离而形成的分离区漩涡;⑦是受重力作用,岸坡表面存在向坡趾方向流动的横向水流。崩岸是水沙相互作用的宏观结果,可以肯定的是,上述水沙相互作用关系的部分或全部必然与崩岸之间存在关联。

在图 3.3-32 中所示的主要水流结构中,主流的流速相对较大,对土体及泥沙的冲淤影响也最为显著,而其余水流结构的影响则相对有限。基于此,本试验对两组岸坡工况中的主流流速分布情况进行了量测,并定义床面至水面的高差为 h,其中床面高程为 0,水面高程为 h,如图 3.3-33 和图 3.3-34 所示。

实测图表明,15°岸坡工况中岸坡边壁处主流流速为 0 m/s,大约离边壁 0.05 h 处流速迅速增大至 0.1 m/s,离边壁越远,流速越大,直至增大至 0.4 m/s 左右,且近直立边壁处的流速梯度明显比近岸坡边壁处大。25°岸坡工况中岸坡边壁处主流流速为 0 m/s,大约离边壁 0.04 h 处流速迅速增大至 0.4 m/s,

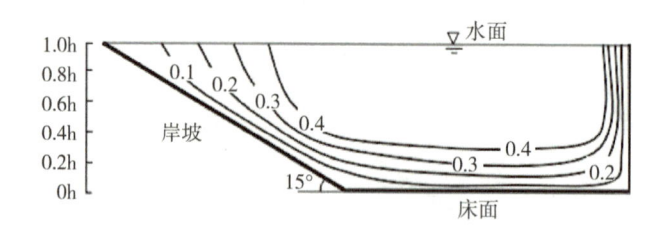

图 3.3-33　15°岸坡工况主流流速分布实测图(m/s)

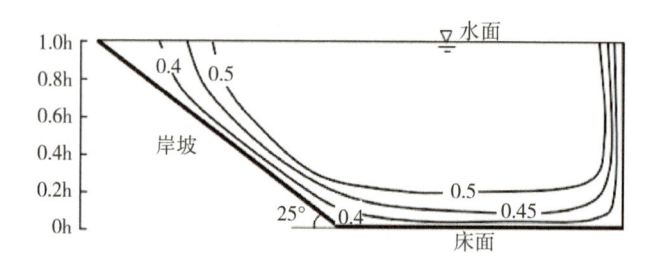

图 3.3-34　25°岸坡工况主流流速分布实测图(m/s)

离边壁越远，流速越大，直至增大至 0.5 m/s 左右，且近直立边壁处的流速梯度明显比近岸坡边壁处大。

3.3.3.3　岸坡沙波分布区域

坡脚处于水下岸坡表面的某一位置(区域)，而沙波充分发育延展后将几乎布满整个水下岸坡表面，因此，坡脚的位置(区域)与沙波所在区域存在重叠。本研究基于坡脚冲刷的崩岸水沙动力过程研究，有必要了解可能影响坡脚冲刷的初始沙纹、月牙形沙波及带状沙波所处的区域。经试验中大量的量测、统计后发现，上述三类沙波存在一个主要分布区域。定义床面至水面的高差为 h，其中床面高程为 0，水面高程为 h，若岸坡表面存在某一沙波，该沙波分布区域的高程范围即为 h1～h2，其中 h1、h2 分别为沙波分布区域的下限和上限。如图 3.3-35 所示。

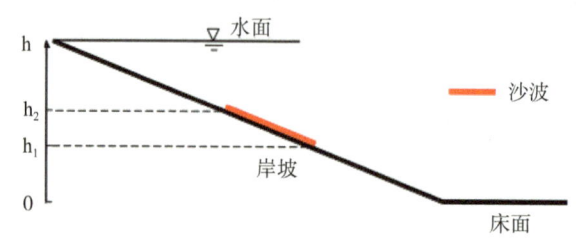

图 3.3-35　沙波分布区域示意图

依据上述方法，分别统计了初始沙纹、月牙形沙波及带状沙波在水下岸坡表面的高程分布范围，取该范围的极大值和极小值即为沙波分布区域的上限和下限。值得一提的是，上述沙波分布区域的范围往往偏大，而各类沙波实际上存在一个主要集中范围。为确定这一范围，依据已有的分布范围，平均分组并计算各自组内的累积占比，取其中累积占比较多的一组或数组数据的分布范围，即定义为该沙波的分布区域。

依据上述方法进行分组统计，发现在 15°及 25°两种岸坡工况中，初始沙纹主要集中在 0.07～0.25 h 及 0.09～0.41 h 的分布范围内。这表明在不同坡度情况下，初始沙纹的下限高程基本相近，而上限高程则有所不同，在 25°岸坡情况下其上限高程较大，这也意味着在较陡的坡度情况下，初始沙纹的横向宽度相对更大。

在 15°及 25°岸坡工况中，月牙形沙波主要集中 0.8～1.0 h 及 0.7～0.9 h 的分布范围内。可见，在不同的坡度情况下，月牙形沙波的横向宽度变化并不大，不过在较陡的坡度情况下，月牙形沙波的分布更远离水面。

前文提到本研究仅考虑月牙形沙波与带状沙波平顺相连的情况，且带状沙波一直横向延展至坡趾附近，故而在 15°及 25°岸坡工况中，带状沙波主要集中在 0～0.8 h 及 0～0.7 h 的分布范围内。这表明在坡度较陡的情况下，带状沙波的横向宽度有所减小。

将上述数据汇总，分别绘制了 15°及 25°岸坡工况下的初始沙纹、月牙形沙波及带状沙波的分布区域，如图 3.3-36 所示。

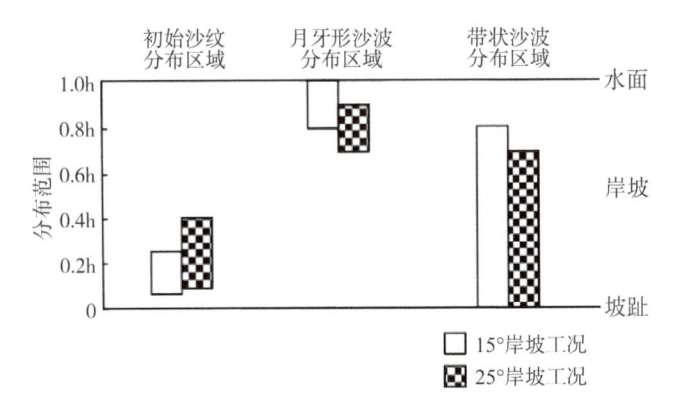

图 3.3-36　初始沙纹、月牙形沙波及带状沙波的岸坡表面分布区域示意图

3.3.3.4　崩塌土体下滑阶段

相比于水流冲刷岸坡边壁的过程而言,岸坡崩塌下滑的过程相对短暂。经试验观测,发现崩塌土体下滑的过程可大体分为三个阶段。

阶段一,快速下滑阶段。水流冲刷一段时间后,岸壁土体内部受力状况不断变化,直至失稳,此时土体内部便形成了沿水流方向的滑移裂缝,并逐渐向岸坡表层方向垂向延展,滑移裂缝两侧分别为失稳土体和稳定土体。随后不久,失稳土体便开始快速下滑。

阶段二,缓慢下滑阶段。崩塌土体快速下滑后,部分土体没入水中,逐渐覆盖在月牙形沙波附近,部分堵塞了急剧冲刷的深槽通道。一定时间内,该区域内水流流速放缓,冲刷速率降低,故而水流难以在短时间内分解塌落覆盖的土体,而这部分覆盖土体又为水上失稳土体提供了有效的支撑作用,减缓了其下滑的速度,因此这一阶段中土体下滑速度逐渐放缓。在一些特殊情况下,土体下滑的速度逐渐放缓,甚至会表现出停滞下滑的现象。这是由于此时水下深槽通道往往被塌落土体完全覆盖堵塞,短时间内依赖于纵向水流分解崩塌土体的效率极低,以致水下塌落土体与水上失稳土体之间构成了受力平衡,故而失稳土体表现为停滞下滑。

阶段三,快速下滑阶段。当水下崩塌土体逐渐被分解,无法继续提供有效的支撑作用时,便进入了土体下滑的第三阶段,即水上失稳土体再次开始快速下滑直至完全没入水中。但从阶段二步入阶段三所需的时间是不确定的,可分为两种情况:一是仅依靠纵向水流不断地冲刷分解水下的崩塌土体,直至深槽再次贯通,加速崩塌土体的分解,继而进入第三阶段,这一情况下,阶段二的维持时间较长;二是由于塌落土体附近的岸线不够平顺,此时在紧邻塌落土体的上下游将可能出现竖轴漩涡,漩涡随后剧烈地淘刷水下崩塌土体,当水下土体无法再继续支撑水上失稳土体时,便进入了土体下滑的第三阶段,这一情况下,阶段二的维持时间相对较短。

综上所述,崩塌土体因失稳下滑的过程主要可分为三个阶段:第一阶段为快速下滑阶段,第二阶段为缓慢下滑阶段,第三阶段为快速下滑阶段。

3.3.3.5　崩塌土体尺度关系

崩塌土体的形态受水流动力条件、自身土体性质等多方面因素的综合影响。T4阶段中,随着岸坡持续崩退,崩塌高度逐渐增大,此外,裂缝长度以及裂缝离岸坡边壁的间距也存在明显增大的趋势,因此崩塌土体的长度及宽度应存在增大的趋势。但这一情况并非绝对,一方面受崩塌土体附近复杂多变的水流结构的影响,后期同样可以冲刷塑造长、宽尺度较小的土体;另一方面受土体自身性质的影响,浸润后的细砂虽表现出一定程度的"假黏性",表现出块体形态,但其抗弯强度较低,当崩塌土体过长或过宽时,一旦受到水流等外力的作用,土体便会出现裂缝,继而分裂为多个块体下滑。因此在崩岸过程中,几何尺度较大的崩塌土体可能会发生多层次、多阶段的垮塌。为统计崩塌土体的尺度关系,分别定义崩塌土体沿水流方向的尺度为长,垂直于水流方向的尺度为宽,竖直方向的尺度为高,如图 3.3-37 所示。

图 3.3-37　崩塌土体的长度、宽度及高度示意图

已有研究多用长宽比、面积或体积等参数来定性分析崩塌土体的尺度关系。本研究从无量纲的角度出发,选取崩塌土体的长宽比来做初步统计,试图寻找相关规律。试验中通过量测崩塌土体的长、宽尺度,随后确定两者比值,即长宽比的数值范围,将该范围等分为四个区间,以囊括所有的数值点,这四个区间分别为 0.5~4.0、4.0~7.5、7.5~10.5、10.5~13.5,并取这四个区间为横坐标,统计各区段内数据点的累积占比,作柱状图如图 3.3-38 所示。此外,与长江中下游河道中实际崩塌土体的长宽比进行对比,1970—2001 年期间,长江中下游河道部分典型崩岸的实测值基本接近。

图 3.3-38 表明,岸坡崩塌后,崩塌土体的长宽比尺度范围较大,自 0.5 至 13.5 不等,但不论是试验测值还是实际测值,崩塌土体的长宽比均主要集中在 0.5~4.0 的范围内,其中,前者占了 74%,后者占了 82%,而其余均在长宽比数值的范围内,两者的占比基本相近。这首先表明,从平面形态来看,在相似的岸坡角度、土体性质、水流条件下,崩塌土体的长宽比主要集中在 0.5~4.0 的区间内;其次,从试验测值和实际测值所得的数值占比基本相近来看,证明了本

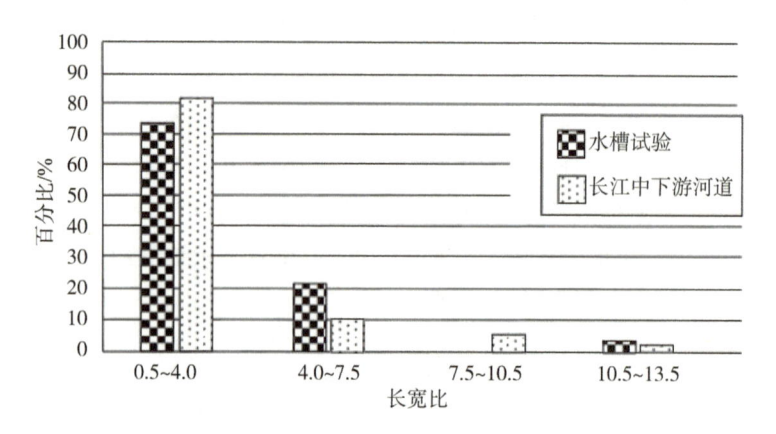

图 3.3-38　崩塌土体的长宽比

试验的相关现象具有普遍性，其成果具有参考借鉴的价值。将所有试验量测所得的长宽比数值加以平均，得其平均值约为 3.71，因此，可近似认为本试验中崩塌土体的平均长宽比约为 3.5~4.0。

同理，依据上述方法，求得崩塌土体宽高比在各个区间内的数据点累积占比，区间分别为 0.6~0.8、0.8~1.0、1.0~1.2、1.2~1.4 和 1.4~1.6，如图 3.3-39 所示。

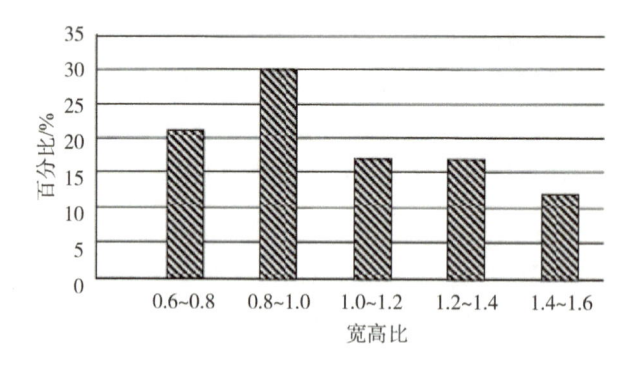

图 3.3-39　崩塌土体宽高比

图 3.3-39 表明，岸坡崩塌后，崩塌土体的宽高比尺度范围较小，主要集中在 0.6~1.6 之间。此外，五个区间内各自数据点累积占比的差别并不大，占比最大的为 0.6~0.8，该区间占比为 30.4%；占比最小的为 1.4~1.6，该区间占比为 13.0%。将所有试验量测所得的宽高比数值加以平均，得到平均宽高比约为 1.06，因此，可近似认为本试验中崩塌土体的宽和高相等。

3.3.3.6 竖轴漩涡与崩塌土体的长度关系

崩岸发生后,土体塌落下来覆盖在月牙形沙波与边壁之间的深槽通道内或月牙形沙波附近,随后在紧邻崩塌土体的上下游往往会产生竖轴漩涡。竖轴旋涡是湍流中常有的一种现象,而湍流与雷诺(Reynolds)数的关系很大。在不考虑水流黏滞系数变化的情况下,雷诺数主要取决于岸壁附近的流速与糙率。流速越大,岸线越不平滑,相应的雷诺数也越大。在本研究试验中,由于崩塌后的塌落土体将覆盖维持一段时间,这便塑造了沿程岸线曲折凹凸、不平顺的状况,使得糙率变大,雷诺数也相应增加,此时在水流与地形的相互作用下,便形成了竖轴漩涡。

试验观测表明,竖轴漩涡形成后将剧烈地分解塌落土体,同时也急剧淘刷水面附近的岸坡边壁,使得岸坡边壁开始急剧变陡,甚至出现了垂直壁面或倒坡的状况,随后,该处附近将可能发生崩岸。换句话说,在部分情况下,竖轴漩涡与随后该处附近发生的崩岸在时间顺序上存在一个先后关系。若如此,竖轴漩涡的尺度与崩塌土体的尺度之间是否存在关系?

从竖轴漩涡与崩塌土体沿水流方向的长度关系来考虑,若竖轴漩涡的长度越长,那么沿水流方向对岸壁土体急剧冲刷的尺度越大,随后该处发生崩塌后的土体长度也应越大。基于此,试验中仅选取崩岸前存在竖轴漩涡的情况,分别量测了竖轴漩涡及崩塌土体沿水流方向的长度(图3.3-40)。

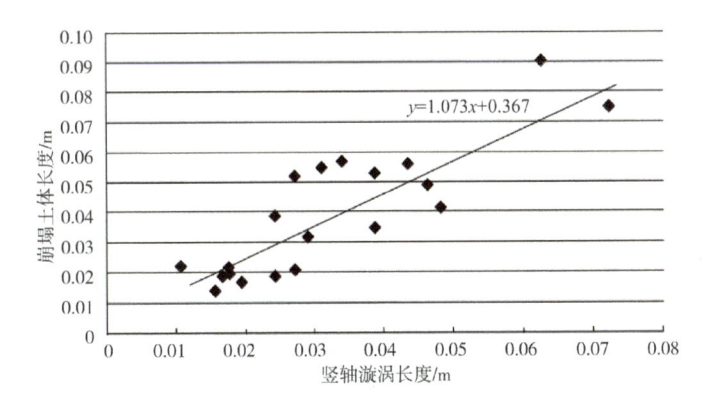

图3.3-40 竖轴漩涡长度与崩塌土体长度的关系

图3.3-40表明,竖轴漩涡沿水流方向的长度主要集中在0.015~0.05 m,随后发生崩塌的土体长度则集中在0.015~0.06 m。这一范围内的点,占了总数据点的90%,仅个别点的竖轴漩涡长度大于0.06 m,崩塌土体的长度大于0.07 m。从数据点的分布规律来看,随着竖轴漩涡长度变大,崩塌土体长度也

相应增大,拟合趋势线为 $y=1.073x+0.367$,这表明两者的长度之比在 1 附近,也就意味着在本试验的绝大部分情况下,竖轴漩涡沿水流方向的尺度与随后发生崩塌的土体长度基本一致。

本研究基于坡脚冲刷的崩岸水沙动力过程,分别从崩岸阶段、试验水流特性、岸坡沙波分布区域、崩塌土体的下滑阶段和尺度关系这五个方面对崩岸水沙动力过程展开论述,对这一过程有了初步了解,但目前有关坡脚及坡脚冲刷的认识依然不够清晰,亟待深入。前文提到在紧邻崩塌点的水下区域往往存在形态特殊、沿程分布的月牙形沙波,且从观测来看,月牙形沙波的存在可能直接加速了对岸坡边壁的淘刷,促进了崩岸的形成。综合考虑该沙波所处的特殊位置及其附近的输沙特征,有理由推断它可能是整个坡脚区域冲刷过程的关键,且可能与崩岸之间存在密切的关联。基于这一推断,下文针对月牙形沙波的形态、输沙特征及与崩岸的关系展开分析和探讨。

3.3.4 月牙形沙波

月牙形沙波可能是整个坡脚区域冲刷过程的关键,且可能与崩岸之间存在密切的关联,而眼下对该月牙形沙波的了解甚少。因此,本节着重描述和分析月牙形沙波的外部形态及输沙情况,并据此研究其与崩岸之间的关联。

3.3.4.1 月牙形沙波形态特征

一般而言,随着流速增大,沙纹发育形成沙垄,沙垄外形有明显的不对称性,迎水面长而平,背水面短而陡,本试验中月牙形沙波出现时正是岸坡床面沙波发育形成沙垄的阶段,如图 3.3-41 所示。

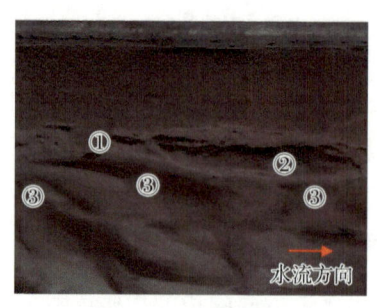

图 3.3-41 月牙形沙波实况图

从图 3.3-41 可见,月牙形沙波的几何形态非常复杂,本研究为定性结合定量地描述和分析试验中出现的月牙形沙波，需对其中部分几何指标做出进一步的定义。图 3.3-42 即为月牙形沙波放大后的示意图，其中将月牙形沙波靠近岸壁的尖端定义为 a 点，将靠近坡趾方向的端点定义为 b 点，将沙波波长 L 定义为某一沙波中沿水流方向上相邻两波峰或两波谷之间的最大距离，e 点为自岸壁向坡趾方向 L 由大变小的突变点，将沙波波高 H 定义为沿水流方向上纵断面的波峰至相邻波谷的最大铅直距离。

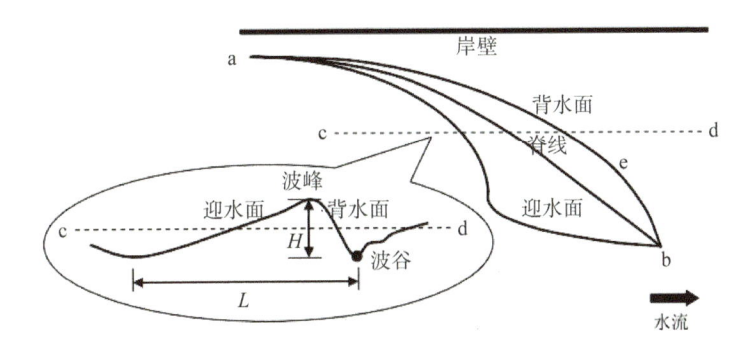

图 3.3-42　月牙形沙波示意图

从示意图来看，月牙形沙波形似一端细长（e～a 段）、一端粗短（e～b 段）的圆弧状，其中 e～a 段大体是 e～b 段长度的 2～3 倍。e～a 段外形似月牙的圆弧，沿 e～a 的方向向上游绵延至岸坡壁面附近，沙波的背水面波谷深槽与水流方向的夹角也愈来愈小，直至其末端近乎与水流方向（或岸坡壁面）平行，且与壁面相距 0.01 m 左右，其波长、波高也逐渐减小；e～b 段沿 e～b 的方向向坡趾方向略有延展，其波长、波高也逐渐减小。两段的端点相比，b 点附近的沙波波长、波高显著大于 a 点附近，而 e 处的波长、波高最大。

分别选取 15°与 25°岸坡工况中数个典型的月牙形沙波进行地形测量，其外形尺度特征对比如表 3.3-4 所示。

表 3.3-4　15°与 25°岸坡工况月牙形沙波尺度特征表

	15°岸坡工况	25°岸坡工况
波长 L	0.1～0.15 m	0.05～0.1 m
波高 H	0.015～0.02 m	0.005～0.015 m
迎水面坡度	15°～20°	5°～15°
背水面坡度	17°～25°	10°～20°

由表 3.3-4 分析可得,在 15°岸坡工况中,波长为 0.1～0.15 m,波高为 0.015～0.02 m,迎水面坡度为 15°～20°,背水面坡度为 17°～25°;而在 25°岸坡工况中,波长、波高、迎水面坡度及背水面坡度均比 15°岸坡工况中小,其中波长为 0.05～0.1 m,波高为 0.005～0.015 m,迎水面坡度为 5°～15°,背水面坡度为 10°～20°。这说明在较缓的坡度情况下,月牙形沙波的外形尺度相对越大。此外,经地形量测发现在相邻两沙波之间,自坡顶向坡趾的方向上,岸坡床面呈先陡后缓的趋势。以 25°岸坡工况为例,较陡段坡度约为 25°,较缓段坡度约为 10°,中部平滑相连。

尽管月牙形沙波在外部形态上存在一些相似性,但沿程月牙形沙波的形态尺度各有差异。导致这一情况的原因较多,主要有两点:一是水流冲刷,沿程塑造的地形不同,使得沙波附近的局部水流结构也不同,即便是同一空间坐标位置,随着时间变化和地形的冲淤演变,其周边的水流结构也将发生变化,因此水流作用于表面泥沙所塑造出来的沙波形态也不同;二是崩塌土体的"融合",前文提到土体崩塌后将覆盖于深槽通道或月牙形沙波的附近,部分土体分解后与沙波相融合,换句话说,部分崩塌土体构成了月牙形沙波的一部分。上述两点是导致沿程月牙形沙波的形态尺度存在差异的主要原因。

3.3.4.2 月牙形沙波附近输沙特征

依据试验现象观测,绘制月牙形沙波附近输沙示意图,如图 3.3-43 所示。图中 a—e—b 即为试验中某典型月牙形沙波的外部轮廓,紧邻该沙波的上游及下游均有其他月牙形沙波存在,MHK 输沙路径即为紧邻 a—e—b 月牙形沙波的上游沙波的背水面波谷深槽,NTP 输沙路径则是 a—e—b 月牙形沙波的背水面波谷深槽,因此上述两条输沙路径的输沙特征应基本一致,故而本研究主要就 MHK 输沙路径进行描述说明。

当水流行进至 M,大体分流形成三股,一股沿着 a—e 段与岸坡边壁之间的深槽 MN 行进,水流急剧冲刷边壁土体,岸坡逐渐变陡,冲刷下来的泥沙沿深槽 MN 被水流挟带至 N 附近,遇到紧邻的下游月牙形沙波时,水流依然会分流出如上所述的三股水流;第二股水流沿着 MHK 方向运动,其中 MH 段泥沙被迅速淘蚀向 H 点汇聚,随后,相对缓和地沿着 HK 方向(HK 段即为紧邻的上游月牙形沙波背水面波谷深槽)向坡趾方向运动,也就是与月牙形沙波平顺相连的带状沙波波谷深槽;第三股水流主要冲击月牙形沙波的迎水面,并在迎水面上形成上淘、下淘两股水流,迎水面上的泥沙颗粒受到剧烈淘刷,部分被上淘水流挟带越过波峰向下游运动,表现为泥沙的纵向输移,部分则被下淘水流挟带沿月牙形沙波的圆弧状迎水面向 H 点汇聚,同 MH 段淘刷下来的泥沙汇合,继而一同沿 HK 路径横向输移。

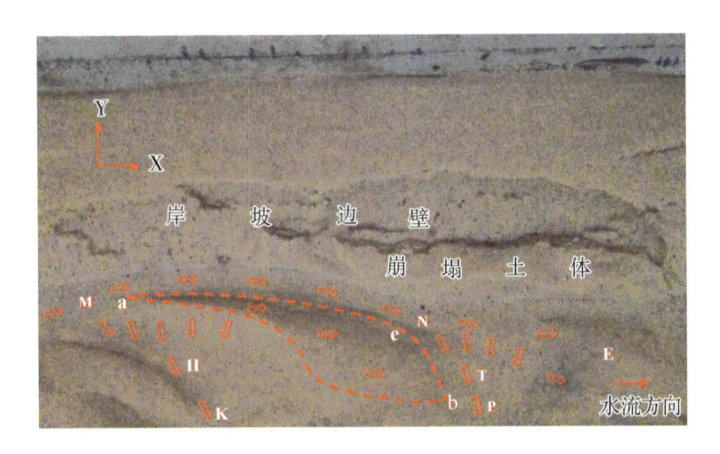

图 3.3-43　月牙形沙波附近输沙示意图

此外,当崩岸发生后,一部分塌落土体与月牙形沙波快速"融合",构成了月牙形沙波的一部分;另一部分则构成了一个"土丘",堆积于靠近岸坡边壁的近水面附近,逐渐被水流冲刷分解。其间,月牙形沙波持续沿水流方向向下游运动,并不断发展演变,当某一月牙形沙波的 M(N)区行进至"土丘"附近时,该"土丘"会被强烈淘刷,继而沿 MHK 的路径横向输移。

从整个月牙形沙波附近的输沙特征来看,仅 MN 深槽内以及部分被水流挟带越过月牙形沙波波峰的泥沙表现为纵向输移,其余区域内(包括 MHK、NTP 以及月牙形沙波的圆弧状迎水面)的泥沙均以横向输移为主。但不论是纵向输沙还是横向输沙,均为岸坡边壁及崩塌土体的持续冲刷与分解提供了可能,间接地促成了崩岸的形成。因此本研究认为,有关此类输沙机理的探讨对于崩岸水沙动力过程研究具有重要意义。

3.3.4.3　月牙形沙波横向输沙机理探讨

前文提到,月牙形沙波附近存在纵向和横向输沙。导致纵向输沙的原因主要是主流的动力作用;导致横向输沙的原因则较为复杂,除了重力作用外,试验表明,不论是月牙形沙波还是带状沙波附近,其横向输沙的路径均主要集中在沙波背水面的波谷深槽,可见,泥沙在横向输移的过程中应该还受到其他因素的影响。因此本节主要针对月牙形沙波附近的横向输沙机理展开探讨。

由于月牙形沙波附近 MHK 段与 NTP 段的输沙过程基本一致，故而本研究研究选择以 MHK 段为例。该段实际上是相邻两个月牙形沙波之间的斜坡床面，并且向坡趾方向呈先陡后缓的趋势。若以 H 附近为界限，则较陡段为 MH 段，较缓段为 HK 段，以下分别就这两段的横向输沙机理进行阐述。

试验中 MH 段的斜坡陡面与月牙形沙波的 a—e 段迎水面平滑相连，且该斜坡坡度较陡，约 25°左右，这一角度与水下休止角接近，而 HK 段的斜坡陡面则相对较缓，仅约 10°。因此相比于 HK 段，MH 段表面的泥沙更易受水流扰动而冲刷起动，故而试验表明，该段泥沙被急剧地淘刷下来并汇聚于 H 附近，而 HK 段中泥沙横向输移的速度则相对较缓。

此外经分析，月牙形沙波圆弧状迎水面的泥沙被淘蚀下来并汇聚于 H 附近的原因主要有两个：(1)下淘水流对沙波迎水面的淘刷影响；(2)紧邻的上游沙波背水面分离区漩涡的影响。具体论述如下。

(1) 当水流与月牙形沙波相遇后，会分流出一股水流顶冲月牙形沙波的圆弧状迎水面，随后又分流形成上淘、下淘两股相反方向的水流，其中，下淘水流剧烈淘刷迎水面的中下部泥沙，被淘蚀的泥沙在惯性力及重力的作用下沿沙波迎水面向紧邻的上游沙波的波谷及坡趾方向运动。

(2) 一般认为，当水流越过平床沙波的波峰后会出现流线分离，在背水面形成紊动性极强的分离区漩涡。本试验中，月牙形沙波的背水面也应会出现类似的分离区漩涡，区别在于，前者漩涡处于平面床面上，横向运动的趋势较弱，而本试验中漩涡处于岸坡上，在重力作用下漩涡必然存在向坡趾方向运动的趋势。故而岸坡上沙波背水面的分离区漩涡可能表现为向坡趾方向螺旋式运动的扁平状水流。

目前，有关岸坡沙波的研究极为少见，本研究分析主要参考蒋建华(1995)的成果。蒋建华认为，平床沙波的背水面分离区漩涡区水平距离是波高的 2.7 倍，垂向最大距离是波高的 1/3，且漩涡区大致分布于波谷的底部床面上。本试验中月牙形沙波的波高为 0~0.02 m，则分离区漩涡的水平距离可能在 0~0.054 m，垂向影响范围仅为 0~0.007 m，这意味仅近底面的泥沙受到漩涡区的影响。据统计，本试验中月牙形沙波波谷至下游相邻沙波的波峰间距大约为 0.05~0.06 m，在水平尺度上正好处于分离区漩涡的影响范围内，但考虑到分离区漩涡的垂向影响范围较小，因此月牙形沙波迎水面上被下淘的泥沙首先受惯性力、重力的作用，向紧邻的上游沙波波谷方向移动。这一过程中，部分粒径较大的泥沙颗粒沿途沉淀下来,部分粒径较小的泥沙颗粒则继续运动;当进入上游沙波分离区漩涡的影响范围后,受漩涡的吸附作用,加速输移,直至被挟带至漩涡所处的波谷附近,也就是 H 附近。

已运动至 H 附近的泥沙,随后自 H 沿 HK 路径及带状沙波的波谷深槽向坡趾方向横向输移。这一过程中横向输沙的原因主要有两个:一是受岸坡上泥沙的自重影响,存在向坡趾方向运动的趋势;二是沿 HK 路径输移的泥沙始终受到沙波背水面分离区漩涡的吸附影响,故而横向输移的泥沙仍然主要集中在月牙形沙波及带状沙波的背水面波谷深槽。

3.3.5 月牙形沙波与岸滩失稳的关系

通过月牙形沙波空间位置、外部形态及横向输沙机理的描述,认为月牙形沙波与崩岸的关系密切。主要体现在以下几点。

(1) 由于月牙形沙波外部形态特殊,其 a—e 段与岸坡边壁之间构成了一条宽度不大于 0.01 m 的深槽 MN,深槽中的水流急剧淘刷岸坡边壁土体,岸壁逐渐高耸,稳定性降低,促进了崩岸的形成;此外,被深槽水流冲刷分解下来的土体颗粒受通道内强劲的水流动力作用,在部分情况下不会淤积堵塞于 MN 通道内,而是将沿 MN 通道向下游输移,形成了一条纵向输沙通道,这一过程为岸坡边壁的持续受冲提供了可能,也就是为崩岸的持续发生提供了可能。总体来看,由于月牙形沙波的外部形态特殊,与岸坡边壁之间共同构成了深槽通道,加速了岸坡边壁的冲刷,直接促进了崩岸的产生,同时,通道内的纵向输沙为崩岸的持续发生提供了可能。

(2) 崩岸发生后,崩塌土体堆积于月牙形沙波附近,部分与月牙形沙波直接"融合",构成了沙波的一部分,并在与水流的相互作用下演变形成另一形态的"月牙形沙波";未"融合"的崩塌土体则构成一"土丘",堆积于近水面附近,逐渐被水流冲刷分解,但在短时间内"土丘"的存在避免了内侧未崩塌土体的继续受冲。试验过程中,月牙形沙波持续沿水流方向向下游运动并不断发展演变,当某一月牙形沙波的 M 区或 N 区行进至"土丘"附近时,该"土丘"将被剧烈地淘蚀分解。"土丘"被分解完毕后,内侧未崩塌土体的岸壁便裸露于水体之中,开始承受水流的淘刷作用。由此可见,这一过程中,月牙形沙波的存在与崩塌土体的"融合"、分解存在着直接关联,直接加速了崩塌土体的分解,为岸坡边壁的持续受冲提供了前提,为崩岸的持续发生提供了可能。

(3) 由前文分析可知，被冲刷分解后的岸壁土体或崩塌土体并不会持续堆积于 M(N)附近，而是在月牙形沙波附近复杂水流、地形的相互作用下，沿着 MH 路径汇聚于 H 附近，随后沿着 HK 路径或者说紧邻的上游月牙形沙波、带状沙波的波谷深槽向坡趾方向横向输移。由此可见，月牙形沙波直接参与了被分解土体的横向输移，且其波谷深槽构成了岸坡表面横向输沙通道的重要部分，是后续带状沙波波谷区横向输沙的基础，这一过程同样为崩岸的持续发生提供了可能。

月牙形沙波与崩岸的关系可总结为以下三点。

(1) 月牙形沙波与岸坡边壁之间构成了深槽通道，加速了岸坡边壁的冲刷，直接促进了崩岸的产生，而通道内的纵向输沙则为崩岸的持续发生提供了可能。

(2) 月牙形沙波的存在与崩塌土体的"融合"、分解存在直接关联，直接加速了崩塌土体的分解，为岸坡边壁的持续受冲提供了前提，为崩岸的持续发生提供了可能。

(3) 月牙形沙波直接参与了被分解土体的横向输移，且其波谷深槽构成了岸坡表面横向输沙通道的重要部分，是后续带状沙波波谷区横向输沙的基础，这一过程同样为崩岸的持续发生提供了可能。

总体来看，月牙形沙波与崩岸之间的关系十分密切。在水流的持续冲刷下，月牙形沙波的存在加速了崩塌土体的分解，为岸坡边壁的持续受冲提供了可能，也为崩岸的持续发生提供了可能，甚至它的存在也加速了岸坡边壁的冲刷，直接促进了崩岸的产生。而在基于坡脚冲刷的崩岸过程中，坡脚与崩岸的关系同样密切，且正是由于坡脚持续受冲，才为岸坡的持续崩退提供了可能，也正是由于坡脚冲刷才直接导致了崩岸的产生。故而将两者联系起来，同时考虑月牙形沙波所处的区域位置及形态尺度，可发现月牙形沙波与坡脚的特征基本符合。因此，本研究有理由认为，水下岸坡表面以月牙形沙波为输沙载体，且持续发生纵向、横向输沙的一片区域正是本研究所探究的"坡脚区域"，后文所提的坡脚区域均指该区域。进一步延伸可知，若水流对坡脚区域的冲刷越持久，则崩岸的可能性应越大或崩岸越为剧烈。

3.3.5.1 坡脚冲刷速率研究

图 3.3-44 给出了典型月牙形沙波的输沙路径，通过试验分析与探讨发现，坡脚冲刷是以月牙形沙波输沙演化为载体的，表 3.3-5 统计了试验过程中记录的多个月牙形沙波特征参数，根据已有认识，现提出如下观点。

(1) 河岸的冲刷速率应当是单位时间内岸坡因冲刷而展宽的距离 $\mathrm{d}l/\mathrm{d}t$，

由几何关系有 $dl/dt = (ds/dt)/\sin\theta$，如图 3.3-44 所示。其中，$ds/dt$ 为坡面冲刷速率，dz/dt 为床面冲刷速率。

（2）一般情况下，床面及坡面冲刷速率分别有如下形式：

$$\frac{dz}{dt} = k_{d床}(\tau_{0床} - \tau_{c床})^\alpha \tag{3.3-1}$$

$$\frac{ds}{dt} = k_{d坡}(\tau_{0坡} - \tau_{c坡})^\beta \tag{3.3-2}$$

那么，坡脚冲刷速率有：

$$\frac{dl}{dt} = k_{d坡}(\tau_{0坡} - \tau_{c坡})^\beta/\sin\theta \tag{3.3-3}$$

$\tau_{0坡}$、$\tau_{c坡}$ 为变量，$k_{d坡}$、β、θ 为待定参系数，分别表示坡面冲刷系数、指数以及坡角。前文探讨了三维坡面泥沙颗粒任意角度的起动切应力与平床起动切应力之比。考虑床面泥沙与坡面泥沙级配一致，因此可以认为，床面临界起动切应力 $\tau_{c床}$ 与坡面临界起动切应力 $\tau_{c坡}$ 之间能够相互换算。

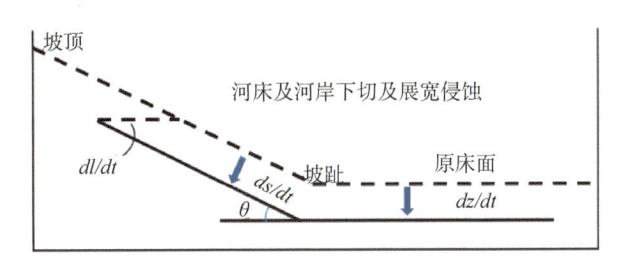

图 3.3-44　河床及河岸下切展宽侵蚀示意图

（3）实际坡脚地形下，考虑月牙形沙波的存在，参与岸坡侵蚀的坡面部分仅为月牙形沙波的部分区域，因此，计算中采用投影面积计算的方法来计算实际地形条件下的冲刷速率有：

$$\frac{dl}{dt} = \left(\frac{A_1 + A_2}{A}\right)\left[k_{d坡}(\tau_{0坡} - \tau_{c坡})^\beta/\sin\theta\right] \tag{3.3-4}$$

其中，A、A_1、A_2 分别为整个沙波、MHK 区域及 NTP 区域投影面积；θ 为 MHK 区域及 NTP 区域坡面平均倾角，$\tau_{c坡}$ 随 θ 变化而变化。

表 3.3-5 统计了月牙形沙波特征参数，继续统计参数（$\Sigma A_i/A, \theta$）及床面切应力 τ_0，见表 3.3-5。

表 3.3-5 月牙形沙波输沙部分特殊参数统计表

沙波序号	$(A_1+A_2)/A$	$\theta/°$	$\tau_{0坡}/Pa$	沙波序号	$(A_1+A_2)/A$	$\theta/°$	$\tau_{0坡}/Pa$
1	0.2	10	1.35	17	0.21	14.5	2.69
2	0.23	13	2.17	18	0.22	12	2.58
3	0.18	12	1.65	19	0.18	13	2.13
4	0.16	14	1.36	20	0.19	18	2.06
5	0.17	10	1.49	21	0.17	19	1.98
6	0.19	8.5	1.58	22	0.18	17	1.89
7	0.25	18	2.36	23	0.21	15	1.76
8	0.24	16	2.45	24	0.22	12	1.88
9	0.21	15	2.33	25	0.23	9.5	1.85
10	0.17	10	3.01	26	0.18	11	1.76
11	0.16	14	1.89	27	0.25	13	1.98
12	0.18	11	1.76	28	0.23	16	1.89
13	0.19	13.5	1.36	29	0.24	14	1.69
14	0.2	12.5	1.45	30	0.23	15	2.04
15	0.3	15	1.96	31	0.16	12	2.34
16	0.16	20	1.85	32	0.18	21	2.35

3.3.5.2 公式系数确定

利用起动试验对试验沙样进行了不同条件下冲刷速率的计算,得到了不同含水率、密度以及在不同水流切应力下的冲刷速率值,从表 3.3-6 中可以看出,冲刷速率 dz/dt 介于 $(4.93\sim35.92)10^{-5}$ m·s^{-1} 之间,冲刷系数介于 $(180.0\sim349.1)10^{-6}$ m^3(N·s)$^{-1}$ 之间。

通过拟合得到了如下关系式(3.3-5),数据见表 3.3-6。

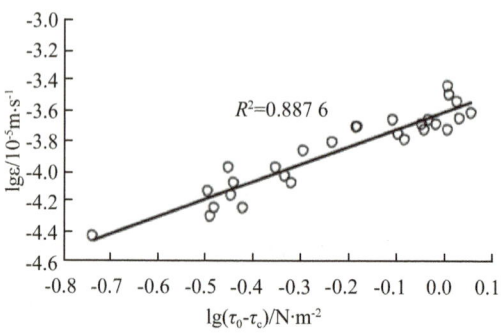

$$\frac{dz}{dt} = k_{d床} - (\tau_{0床} - \tau_{c床})^{1.153} \tag{3.3-5}$$

图 3.3-45 平床冲刷率拟合图

表 3.3-6　沙波输沙与冲刷特征参数统计表

中值粒径 d_{50}/mm	含水率 ω/%	干密度 p_t m^{-3}	起动切应力 τ/N·m^{-2}	水流切应力 τ_0/N·m^{-2}	冲刷历时 t/s	冲刷深度 h/cm	冲刷速率 ε/ 10^{-5} m·s^{-1}	冲刷系数 k_d/ 10^{-6} m^3 (N·s)$^{-1}$
0.2	12.4	1.28	0.143	0.468	290	1.43	4.93	180.0
				1.073	120	2.59	21.58	234.6
				1.111	140	2.82	20.14	209.3
	11.6	1.30	0.163	0.522	240	1.62	6.75	219.8
				0.528	196	1.59	8.11	259.0
				1.065	110	2.19	19.91	224.2
				1.311	95	2.28	24.00	204.7
	20.1	1.32	0.216	0.549	219	1.21	5.53	196.5
				0.699	175	1.44	8.23	190.6
				1.047	111	1.75	15.77	195.1
				1.129	50	0.92	18.40	204.5
				1.238	105	1.95	18.57	181.1
				1.301	65	1.43	22.00	200.2
	6.2	1.41	0.280	0.637	215	2.22	10.33	338.8
				0.789	180	2.42	13.44	293.2
				0.939	85	1.65	19.41	313.9
				1.305	65	2.34	35.92	349.1
	6.4	1.39	0.215	0.596	295	1.63	5.53	168.3
	16.9	1.39	0.240	0.423	280	1.01	3.61	255.3
				0.561	255	1.82	7.14	264.4
				0.706	195	1.78	9.13	220.0
				1.044	125	2.14	17.12	220.3
				1.309	105	2.95	28.10	260.1
	22.3	1.47	0.269	0.716	160	1.65	10.31	261.1
				0.854	150	2.26	15.07	279.4
				1.052	75	1.60	21.33	282.8
				1.295	95	2.96	31.16	302.4

进一步反算出 $k_{d床}$ 与 $\tau_{c床}$ 的关系式,经拟合可得:

$$k_d = 0.015\tau_c^2 - 0.0058\tau_c + 0.0007 \tag{3.3-6}$$

至此,我们得到了冲刷系数与起动切应力的关系,以及其中的参数 k_d。

利用试验过程中测定的床面冲刷变形量和参数 ($\Sigma A_i/A, \theta$) 及床面切应力 $\tau_{0坡}$ 进行适线,最终确定 $\beta=1.761$。因此可得,坡脚冲刷速率公式为:

$$\frac{\mathrm{d}l}{\mathrm{d}t} = 2.35[(0.015\tau_{c坡}^2 - 0.0058\tau_{c坡} + 0.0007)(\tau_{0坡} - \tau_{c坡})^{1.761}]$$

(3.3-7)

其中,各参数与前述相同。

第 4 章

岸滩工程生态控导工程模拟技术研究

4.1 长江中下游四大家鱼生态敏感性水力学指标研究

4.1.1 长江中游鱼类早期资源现状

长江中游浅滩沙洲众多，河道蜿蜒曲折，是青鱼(*Mylopharyngodon piceus*)、草鱼(*Ctenopharyngodon idellus*)、鲢(*Hypophthalmichthys molitrix*)、鳙(*Aristichthys nobilis*)(合称"四大家鱼")等多种经济鱼类的重要栖息地和繁殖场所。20世纪60年代，长江干流重庆至江西彭泽长达1 700 km江段分布有四大家鱼产卵场36处，其中，长江中游宜昌至城陵矶江段有11处，集中在宜昌—藕池口河段。三峡工程建成后，随着三峡水库调蓄，下泄不饱和水流使中游河床冲刷，主要集中在宜昌—城陵矶河段，产卵场的水文和水力学条件发生了改变(输沙量和含沙量均大幅下降，达50%～98%；悬移质中值粒径和平均粒径减幅超过50%；宜昌、监利等站同流量枯水位下降明显，均超过1 m)，四大家鱼产卵规模持续下降，部分产卵场范围缩小或迁移。如长江中游监利江段的研究表明，相比于三峡工程蓄水前，监利江段监测到的鱼卵及仔、稚鱼种类减少了16种，四大家鱼仔鱼丰度也明显下降。宜昌江段更靠近葛洲坝和三峡大坝，受大坝建设后水文情势改变的影响更明显。鱼类早期资源是指处在早期生活史阶段(从胚胎到稚鱼期)的鱼类资源。鱼类早期资源状况的变化也是反映大坝建设对长江渔业资源影响的一个方面。为此，本项目于2014年和2015年5—7月在长江中游宜昌断面开展鱼类早期资源调查，旨在评价宜昌江段的鱼类早期资源现状，为长江鱼类资源保护、水利工程生态调度、生态航道建设等提供科学依据。

4.1.2 四大家鱼栖息环境适宜度曲线研究

4.1.2.1 四大家鱼产卵量与水动力关系

在调查期间，长江中游宜昌江段流量呈逐渐增加的趋势，特别是2015年，其流量增长较明显，而家鱼产卵高峰均伴随有涨水过程(表4.1-1)。如2014年的5月25日、6月6日、6月23日，以及2015年的6月9日、18日、27日，大幅涨水后的2~3 d，均出现了产卵高峰。就四大家鱼而言，在2014年和2015年调查期间，分别出现了2次和3次产卵高峰，两年发生的时间均为6月初和

6月中下旬。四大家鱼产卵高峰均伴随有涨水过程,说明涨水过程对四大家鱼产卵是有利的。2014年和2015年的5月10日至6月30日期间,宜都段断面的水温、水位逐渐增高,透明度逐渐下降(图4.1-1和图4.1-2)。其中,2014年水温为18.1～23.1℃,平均值为20.8℃;2015年水温为18.8～22.9℃,平均值为21.2℃。2014年水位为41.7～47.5 m,平均值为43.7 m;2015年水位为39.9～46.8 m,平均值为43.1 m。2014年透明度为30～175 cm,平均值为126.6 cm;2015年透明度为34.0～113.5 cm,平均值为81.5 cm。2014年溶解氧为5.7～8.5 mg/L,平均值为7.2 mg/L,其变化规律表现为5月10日到6月16日逐渐降低,以后逐渐升高;2015年溶解氧为6.2～9.1 mg/L,平均值为7.4 mg/L,没有表现出明显的变化规律。总体来看,水位、水温和溶解氧均表现为调查前期相对较低,后期逐渐增高,而透明度则为前期相对较高,后期逐渐降低。

表4.1-1 涨水过程与产卵量关系

洪峰过程(flood peak)	2014			2015		
	1	2	3	1	2	3
水位上涨日期(date of water level rising)	5.21	6.15	6.22	6.7	6.15	6.25
初始水位(initial water level)/m	42.07	42.90	44.03	39.93	44.92	43.18
水位日上涨率(daily increasing rate of water level)/(m/d)	0.19	0.39	0.44	0.87	0.21	0.92
初始流量(initial flow)/m³	11 500	15 700	17 400	6 960	19 100	14 200
流量日上涨率(daily increasing rate of flow)/(m³/d)	361.54	200.00	137.50	2 140.54	600.00	2 875.00
高峰间隔时间(time interval between two flood peaks)/d	—	16	12	—	8	8
高峰初始时间(starting time of flood peak)	5.30	6.18	6.29	6.10	6.17	6.27
高峰持续时间(duration of flood peak)/d	4	1	2	3	4	2
高峰期产卵量(egg laying amount during flood peak)/($\times 10^8$ ind)	3.00	0.42	0.61	3.20	15.21	16.80
高峰期日均产卵量(average daily egg laying amount during flood peak)/($\times 10^8$ ind/d)	0.75	0.42	0.30	1.07	6.08	8.40

4.1.2.2 鱼卵种类组成变化的原因分析

关于长江中游产漂流性卵鱼类种类,自20世纪70年代以来就有过调查报

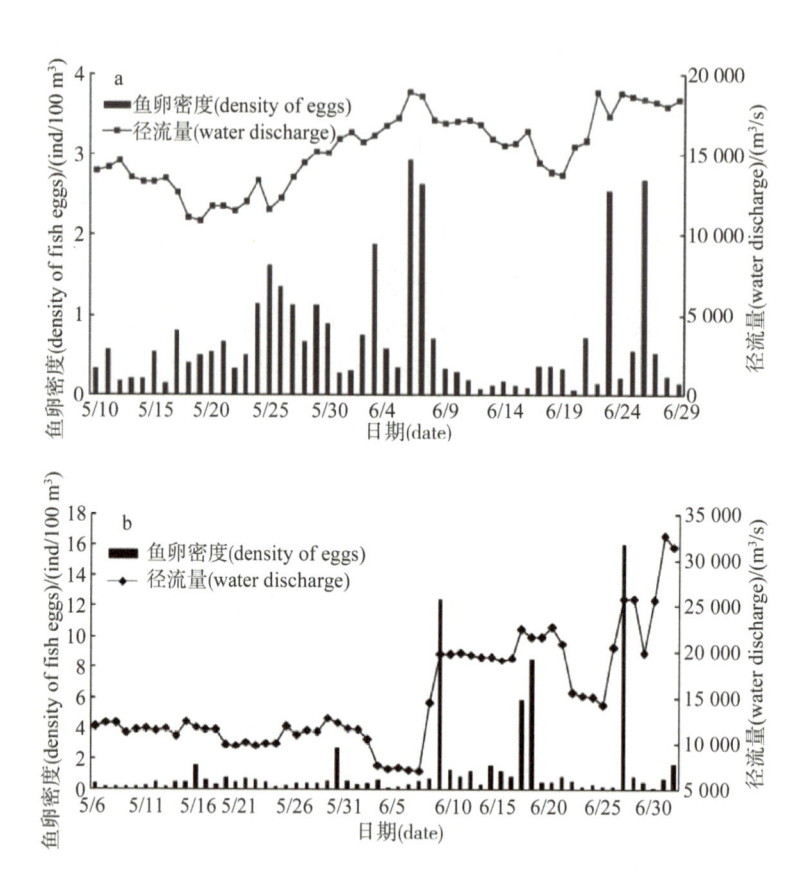

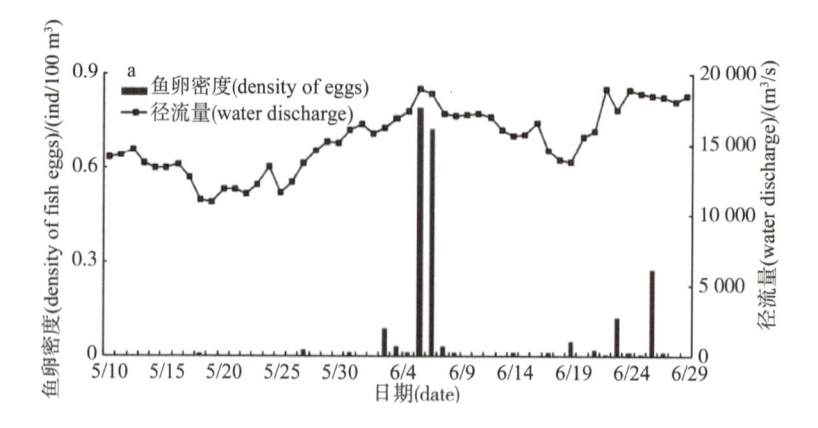

图 4.1-1　2014—2015 年长江中游鱼卵密度日变化

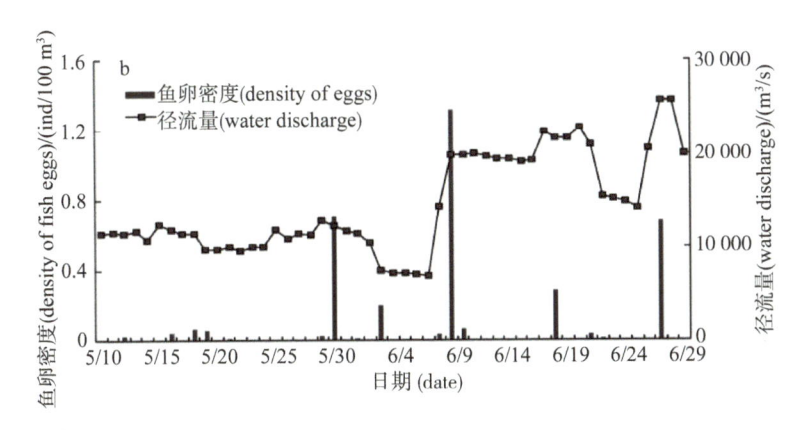

图 4.1-2 2014—2015 年长江中游鱼卵密度日变化

道,根据原国家水产总局长江水产研究所[①]的调查结果,20 世纪 70 年代长江中游干支流产漂流性卵鱼类不少于 25 种。三峡工程建成蓄水后,也有不少学者对长江中游的产漂流性卵鱼类种类进行调查研究,2003—2006 年在长江中游监利断面监测到 13 种,2008 年在长江中游武穴段断面采集到 11 种,2012 年在长江中游沙市段断面采集到 16 种。与 20 世纪 70 年代相比,2003—2006 年长江中游产漂流性卵鱼类种类明显减少。三峡工程建成运行后,导致长江中游水文情势发生显著变化,对产漂流性卵鱼类的繁殖有一定的不利影响。2015—2016 年,本研究在宜昌江段进行调查,共采集到产漂流性卵鱼类 22 种,相比 2003—2006 年、2008 年,调查采集的种类数量有所增加。其原因,一方面是调查时间和地点的差异导致结果不同;另一方面,也与近年来长江中游开展的多项鱼类资源保护措施有关,如三峡水库生态调度、增殖放流等都有助于鱼类种群的逐步恢复。

就四大家鱼种类组成而言,三峡大坝蓄水以前,长江中游四大家鱼以草鱼为主,比例波动范围为 67.50%～85.30%。2003 年三峡大坝蓄水后,长江中游的四大家鱼以鲢为主,2005 年鲢的比例占 66.11%。2015—2016 年在宜昌江段监测采集四大家鱼鱼卵数量以鲢为最多(占 62.4%),与 2005 年相比变化不大,草鱼比例则下降至 27.8%。表明三峡水库调蓄对草鱼的影响较为严重(图 4.1-3 和图 4.1-4)。

[①] 1984 年更名为"中国水产科学研究院长江水产研究所"。

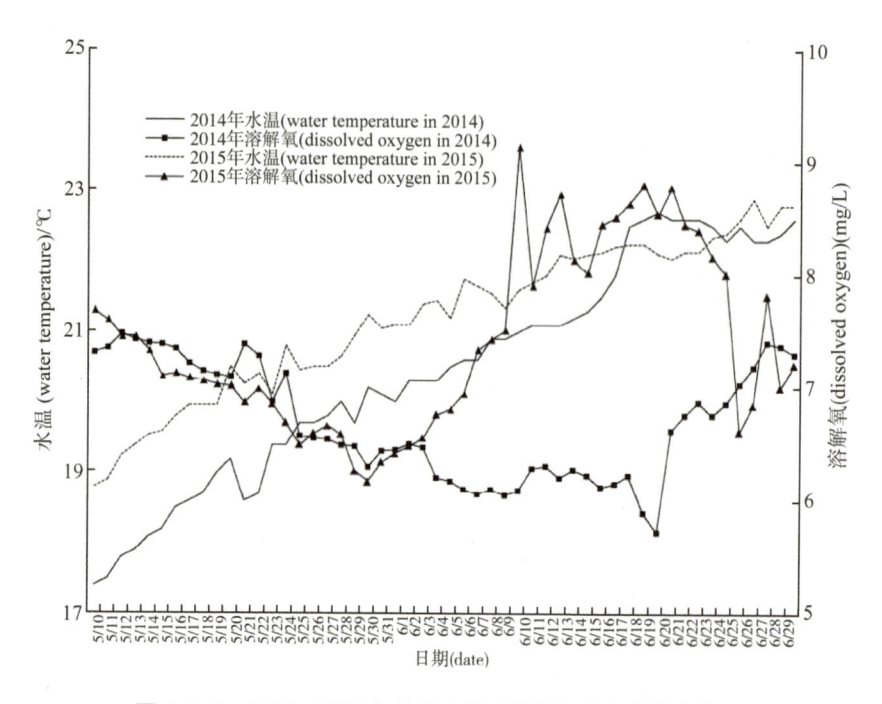

图 4.1-3　2014—2015 年长江中游水温及溶解氧变化趋势图

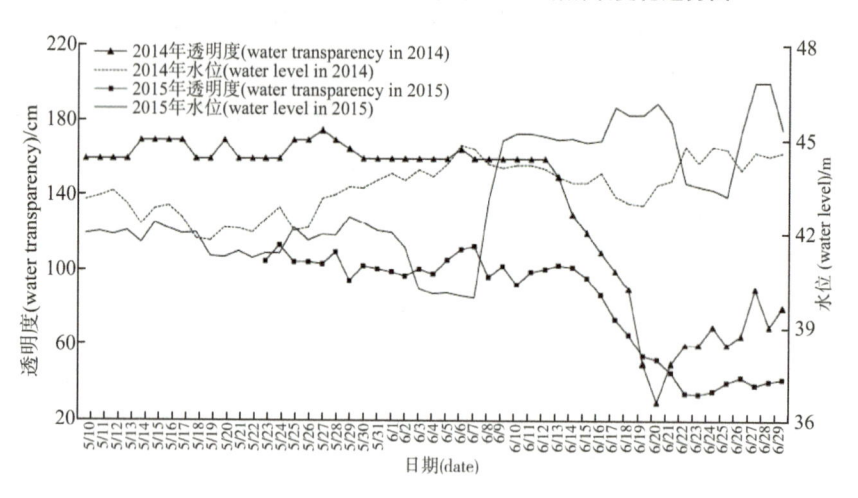

图 4.1-4　2014—2015 年长江中游水位及透明度变化趋势图

4.1.2.3　四大家鱼物理栖息环境评价曲线

栖息地模拟基于以下假定:①栖息地适宜性是流量的函数,且与物种数量之间存在一定的比例关系;②水深、流速、基质和覆盖物是流量变化对物种数量和分布造成影响的主要因素,它们之间相互影响,共同确定河流微生境条件;

③河床形状在模拟的过程中保持不变。栖息地模拟依靠栖息地适宜性曲线得到每个单元影响因子的组合适宜性值，利用如下公式计算研究河段总的微生境栖息地适宜性，并称其为加权可利用面积 WUA (Weighted Usable Area)。

$$WUA = \sum_{i=1}^{i=n} HSI(V_i, D_i, C_i) \times A_i \qquad (4.1\text{-}1)$$

式中，WUA 是研究河段的微生境适宜性面积；$HSI(V_i, D_i, C_i)$ 是每个单元影响因子的组合适宜性值；V_i、D_i、C_i 分别表示第 i 单元的流速、水深以及河床质适宜性值；A_i 表示研究河段中第 i 单元的水表面面积。在栖息地模拟中确定栖息地的组合适宜性值，通常采用以下 4 种计算方法，计算公式如下：

$$HSI_i = V_i \cdot D_i \cdot C_i \qquad (4.1\text{-}2)$$

$$HSI_i = (V_i \cdot D_i \cdot C_i)^{\frac{1}{3}} \qquad (4.1\text{-}3)$$

$$HSI_i = Min(V_i \cdot D_i \cdot C_i) \qquad (4.1\text{-}4)$$

$$HSI_i = \frac{(k_V \cdot V_i) \cdot (k_D \cdot D) \cdot (k_C \cdot C_i)}{k_V + k_D + k_C} \qquad (4.1\text{-}5)$$

其中，公式(4.1-2)取每个影响因子的适宜值的乘积，体现了它们的综合作用结果；公式(4.1-3)考虑当某一影响因子较为不利时，组成栖息地影响因子之间的补偿影响；公式(4.1-4)将最不适于鱼种生存的影响因子适宜值作为组合适宜性值；公式(4.1-5)中，k_V、k_D、k_C 分别为流速、水深和河床底质的权重，该公式考虑了每个影响因子之间的权重不同。

王煜等人(2016)研究认为，宜昌站流量在 10 000 m³/s～15 000 m³/s 区间，日均流量增长率为 1 000 m³/s～1 500 m³/s 时，葛洲坝坝下至虎牙滩江段区域四大家鱼产卵栖息适合度面积最大。如图 4.1-5～图 4.1-7 所示。

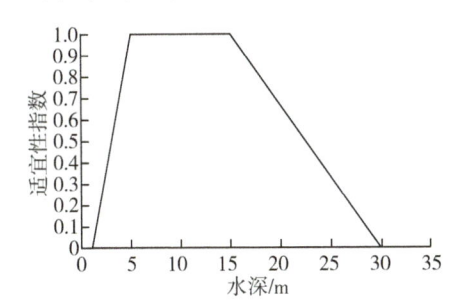

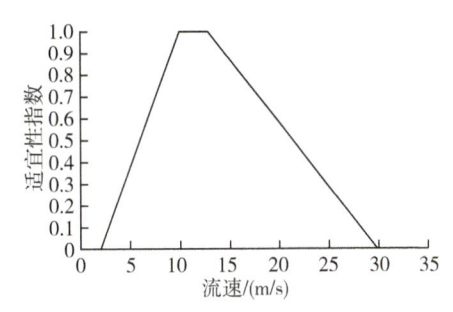

图 4.1-5　四大家鱼产卵适宜性与水动力要素关系

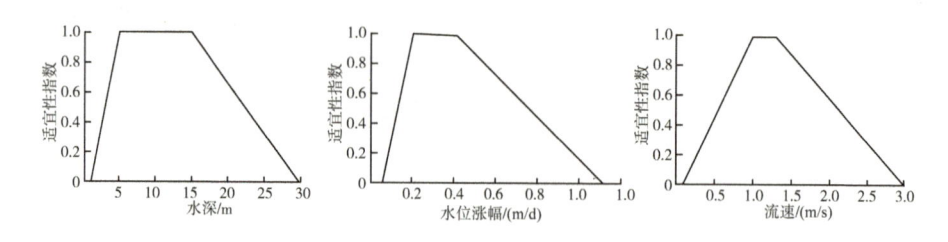

图 4.1-6　四大家鱼产卵适宜性与水动力要素关系

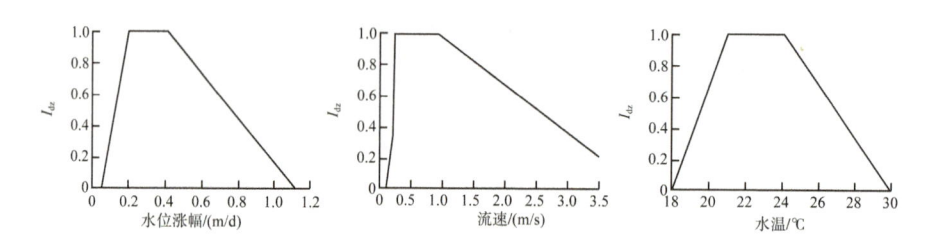

图 4.1-7　四大家鱼产卵适宜性与水动力要素关系

本研究将每个发生产卵行为的连续时间段(大于等于两天)划分为一个产卵事件,其中卵量发生明显变化的事件称为卵汛事件,将各产卵事件首次发生时对应产卵断面的流速称为产卵行为触发流速;将各卵汛事件中最大卵密度对应时刻的流速称为产卵行为适宜流速;分析产卵事件发生前的涨水过程,可计算出流速涨率。图 4.1-8 中的虚线框表示 2014—2016 年每一次的产卵事件,较高的矩形表示卵汛事件,从图 4.1-9 中可以看出各产卵事件的发生均伴随着流速上涨的过程。

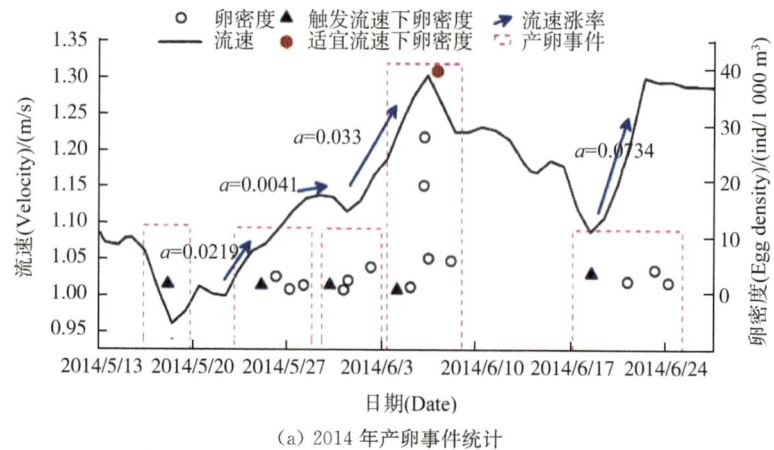

(a) 2014 年产卵事件统计

(b) 2015 年产卵事件统计

(c) 2016 年产卵事件统计

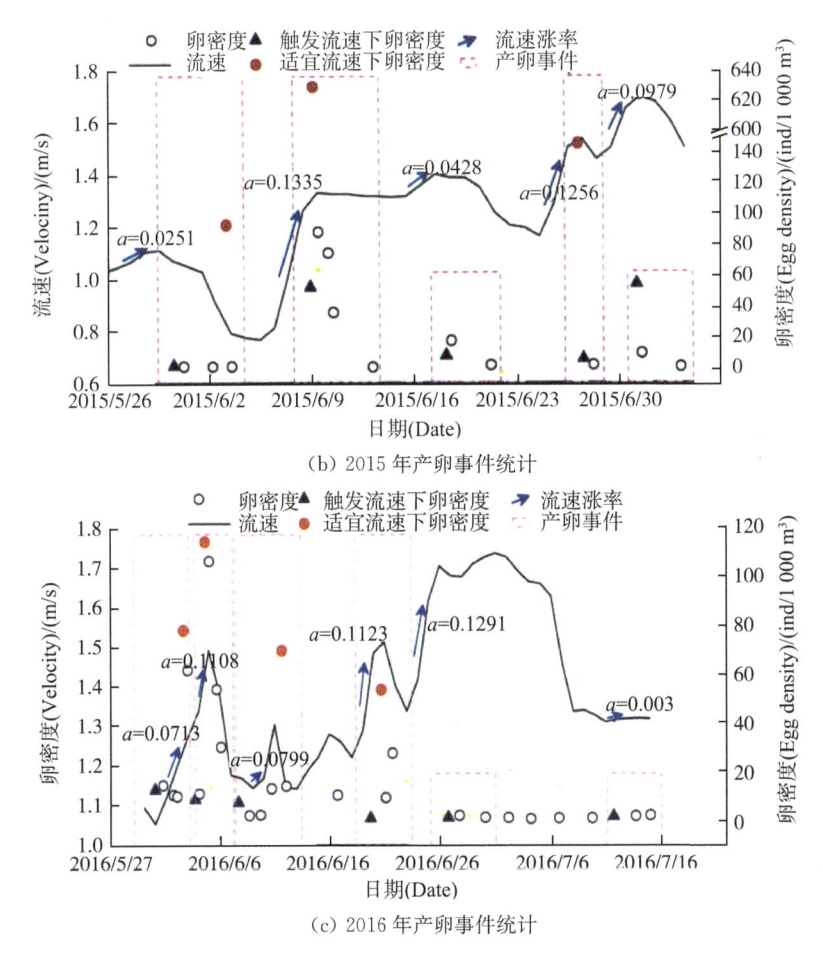

图 4.1-8　2014—2016 年产卵事件统计

统计各个产卵事件发生时的水动力情况，分别得到产卵行为与触发流速、适宜流速、流速涨率的响应关系（图 4.1-9 和图 4.1-10）。

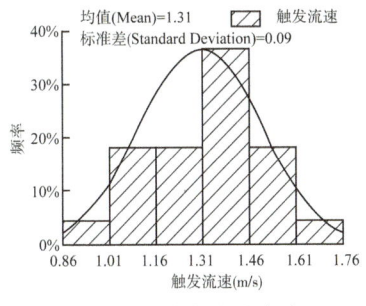

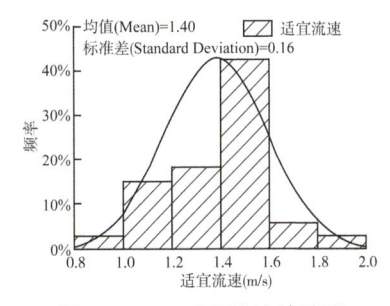

图 4.1-9　触发流速统计图　　　　图 4.1-10　适宜流速统计图

119

统计亲鱼产卵事件发生时刻的触发流速发现,当流速在 1.31~1.46 m/s 范围时,产卵事件发生概率最大,接近 35%;在 1.01~1.16 m/s、1.16~1.31 m/s 和 1.46~1.61 m/s 流速条件下,产卵事件发生概率大致相等;在 0.86~1.01 m/s 和 1.61~1.76 m/s 的流速范围内产卵事件发生概率较小。由统计结果可得,产卵触发流速均值为 1.31 m/s,标准差为 0.09 m/s,因此,产卵触发流速范围为 1.01~1.61 m/s。对亲鱼产卵事件及其发生时刻的适宜流速进行统计(图 4.1-10)发现,当流速在 1.40~1.60 m/s 范围内,产卵事件发生概率最大;在 1.0~1.2 m/s 流速条件下产卵事件发生的概率略小于 1.20~1.40 m/s 流速条件下产卵事件发生的概率;在 1.60~1.80 m/s 流速范围内产卵事件发生概率较小,仅为 7%;在 0.8~1.0 m/s 和 1.8~2.0 m/s 流速范围内产卵事件发生概率极小,因此,亲鱼产卵适宜流速范围为 1.40~1.60 m/s。

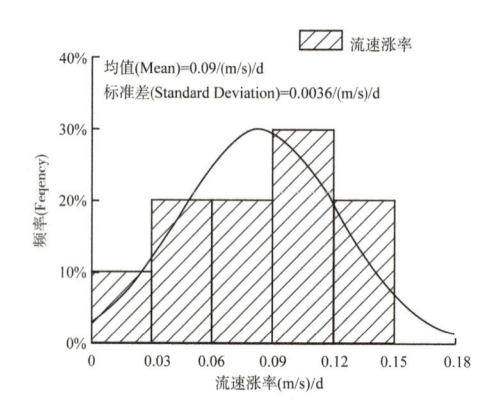

图 4.1-11 流速变率统计图

综上所述,产卵事件发生的触发流速范围为 1.01~1.61 m/s,产卵适宜流速范围为 1.40~1.60 m/s。根据四大家鱼对流速和流速涨率的响应关系,可以反算三峡水库的水位及流量过程。

4.2 基于四大家鱼生态水力学指标的复合模型研究

模型试验分为两部分,第一部分为概化水槽试验,研究丁坝布置对四大家鱼生态水力学指标的影响;第二部分为航道整治物理模型试验的四大家鱼生态水力学指标监测及试验研究。

4.2.1 考虑四大家鱼生态水力学指标的航道工程复合模型设计

4.2.1.1 典型航道工程物理模型设计参数

长江干线武汉至安庆段 6 m 水深航道整治工程戴家洲河段物理模型试验研究相关成果。模型的比尺见表 4.2-1。

表 4.2-1　戴家洲河段物理模型比尺汇总表

名称	符号	数值	备注
平面比尺	λ_L	400	L_p/L_m
垂直比尺	λ_h	125	h_p/h_m
模型变率	η	3.2	λ_L/λ_h
流速比尺	λ_v	11.18	$\lambda_h^{\frac{1}{2}}$
流量比尺	λ_Q	559 016	$\lambda_L \lambda_h \lambda_v$
糙率比尺	λ_n	1.25	$\lambda_h^{\frac{2}{3}}/\lambda_L^{\frac{1}{2}}$
水流时间比尺	λ_{t1}	35.78	λ_L/λ_v
泥沙沉速比尺	λ_ω	4.67	$\lambda_v(\lambda_h/\lambda_L)^{\frac{3}{4}}$
泥沙粒径比尺	λ_d	1.051～2.670	
含沙量比尺	λ_s	0.34	
泥沙起动流速比尺	λ_{u_0}	9.30～11.74	均值为 10.52
挟沙力比尺	λ_{s*}	0.34	0.36
干容重比尺	$\lambda_{\gamma'}$	1.75	
悬移质输沙率比尺	λ_{Q_s}	190 065	
河床冲淤变形时间比尺	λ_{t_s}	184	经验证试验,调整为 180
输沙量比尺	λ_{w_S}	35 000 000	

4.2.1.2 航道工程数学模型参数

（一）控制方程

在贴体正交曲线坐标系下,二维水沙数学模型的水流和泥沙基本控制方程如下：

（1）水流连续方程

$$\frac{\partial H}{\partial t}+\frac{1}{C_\xi C_\eta}\frac{\partial}{\partial \xi}(huC_\eta)+\frac{1}{C_\xi C_\eta}\frac{\partial}{\partial \eta}(hvC_\xi)=0 \qquad (4.2\text{-}1)$$

(2) 动量方程

ζ方向：

$$\frac{\partial u}{\partial t}+\frac{1}{C_\xi C_\eta}\left[\frac{\partial}{\partial \xi}(C_\eta u^2)+\frac{\partial}{\partial \eta}(C_\xi vu)+vu\frac{\partial C_\eta}{\partial \eta}-v^2\frac{\partial C_\xi}{\partial \xi}\right]=-g\frac{1}{C_\xi}\frac{\partial H}{\partial \xi}$$

$$-\frac{v\sqrt{u^2+v^2}n^2 g}{h^{4/3}}+\frac{1}{C_\xi C_\eta}\left[\frac{\partial}{\partial \xi}(C_\eta \sigma_{\xi\xi})+\frac{\partial}{\partial \eta}(C_\xi \sigma_{\xi\xi})+\sigma_{\xi\eta}\frac{\partial C_\xi}{\partial \eta}-\sigma_{\xi\xi}\frac{\partial C_\eta}{\partial \xi}\right]$$

(4.2-2)

η方向：

$$\frac{\partial v}{\partial t}+\frac{1}{C_\xi C_\eta}\left[\frac{\partial}{\partial \xi}(C_\eta vu)+\frac{\partial}{\partial \eta}(C_\xi v^2)+uv\frac{\partial C_\xi}{\partial \xi}-u^2\frac{\partial C_\xi}{\partial \eta}\right]=-g\frac{1}{C_\eta}\frac{\partial H}{\partial \eta}$$

$$-\frac{v\sqrt{u^2+v^2}n^2 g}{h^{4/3}}+\frac{1}{C_\xi C_\eta}\left[\frac{\partial}{\partial \xi}(C_\eta \sigma_{\eta\xi})+\frac{\partial}{\partial \eta}(C_\xi \sigma_{\eta\eta})+\sigma_{\eta\xi}\frac{\partial C_\eta}{\partial \xi}-\sigma_{\eta\xi}\frac{\partial C_\xi}{\partial \eta}\right]$$

(4.2-3)

式中 ξ,η 分别表示正交曲线坐标系中两个正交曲线坐标；u、v 分别为沿 ξ、η 方向的流速；h 为水深；H 为水位；n 为糙率系数；v_t 表示紊动黏性系数，C_ξ、C_η 分别为正交曲线坐标系中的拉梅系数。其中：

$$C_\xi=\sqrt{x_\xi^2+y_\xi^2},C_\eta=\sqrt{x_\eta^2+y_\eta^2}$$

$\sigma_{\xi\xi}$、$\sigma_{\eta\eta}$、$\sigma_{\xi\eta}$、$\sigma_{\eta\xi}$ 表示紊动应力：

$$\sigma_{\xi\xi}=2v_t\left[\frac{1}{C_\xi}\frac{\partial u}{\partial \xi}+\frac{v}{C_\xi C_\eta}\frac{\partial C_\xi}{\partial \eta}\right],\sigma_{\eta\eta}=2v_t\left[\frac{1}{C_\eta}\frac{\partial v}{\partial \eta}+\frac{u}{C_\xi C_\eta}\frac{\partial C_\eta}{\partial \xi}\right]$$

$$\sigma_{\eta\xi}=\sigma_{\xi\eta}=v_t\left[\frac{C_\eta}{C_\xi}\frac{\partial}{\partial \xi}\left(\frac{v}{C_\eta}\right)+\frac{C_\xi}{C_\eta}\frac{\partial}{\partial \eta}\left(\frac{u}{C_\xi}\right)\right]$$

(3) 二维悬移质不平衡输沙方程

在正交曲线坐标系下，非均匀悬移质泥沙不平衡输移的控制方程为

$$\frac{\partial hS_L}{\partial t}+\frac{1}{C_\xi C_\eta}\left[\frac{\partial}{\partial \xi}(C_\eta huS_L)+\frac{\partial}{\partial \eta}(C_\xi hvS_L)\right]=$$

$$\frac{1}{C_\xi C_\eta}\left[\frac{\partial}{\partial \xi}\left(\frac{\varepsilon_\xi}{\sigma_s}\frac{C_\eta}{C_\xi}\frac{\partial hS_L}{\partial \xi}\right)+\frac{\partial}{\partial \eta}\left(\frac{\varepsilon_\eta}{\sigma_s}\frac{C_\xi}{C_\eta}\frac{\partial hS_L}{\partial \eta}\right)\right]+\alpha_L\omega_L(S_L^*-S_L)$$

(4.2-4)

式中 S_L^* 为第 L 组泥沙的挟沙能力；ω_L 为第 L 组泥沙的沉速；α_L 为第 L 组泥沙

的含沙量恢复饱和系数。

（4）河床变形方程

$$\gamma_S \frac{\partial Z_i}{\partial t} = \alpha_i \omega_i (S_i - S_i^*) \quad (i = n_1, \cdots n_2) \tag{4.2-5}$$

式中 i 代表第 i 组泥沙；S_i, S_i^* 分别表示悬移质泥沙第 i 组沙的分组含沙量及分组挟沙力；α_i 代表第 i 组沙的恢复饱和系数；ω_i 代表第 i 组沙平均沉速。

（二）数值解法

比较方程式(4.2-1)～(4.2-4)，发现它们形式相似，可表达成如下的通用格式：

$$C_\xi C_\eta \frac{\partial \psi}{\partial t} + \frac{\partial (C_\eta u \psi)}{\partial \xi} + \frac{\partial (C_\xi v \psi)}{\partial \eta} = \frac{\partial}{\partial \xi}\left(\Gamma \frac{C_\eta}{C_\xi} \frac{\partial \psi}{\partial \xi}\right) + \frac{\partial}{\partial \eta}\left(\Gamma \frac{C_\xi}{C_\eta} \frac{\partial \psi}{\partial \eta}\right) + C \tag{4.2-6}$$

式(4.2-1)～(4.2-4)可按式(4.2-6)的形式进行归纳。这里，Γ 为扩散系数；C 为源项。

上述方程式(4.2-1)～(4.2-4)的差别主要体现在源项 S 里面。同时，在运用控制体积法求解上式时，为了使计算收敛或加快收敛，需要对源项进行负坡线性化，即：

$$S = S_p \Psi_p + S_c \tag{4.2-7}$$

负坡线性化后，经过进一步推导，方程中各项的表示如表 4.2-2 所示。

表 4.2-2　各方程负线性化后参数表

方程	Ψ	Γ	S_p	S_c
水流连续方程	H	0	0	0
ξ 方向运动方程	u	$\nu+\varepsilon$	$\begin{aligned}&-g\frac{n^2\sqrt{u^2+v^2}}{H^{4/3}}\\&-\frac{v}{J}\frac{\partial C_\xi}{\partial \eta}\\&-\frac{(\nu+\varepsilon)}{C_\eta C_\xi}\\&\times\left(\frac{1}{C_\xi C_\eta}\frac{\partial C_\xi}{\partial \eta}\frac{\partial C_\xi}{\partial \eta}\right.\\&\left.+\frac{1}{C_\eta C_\xi}\frac{\partial C_\eta}{\partial \xi}\frac{\partial C_\eta}{\partial \xi}\right)\end{aligned}$	$\begin{aligned}&-g\frac{1}{C_\xi}\frac{\partial Z}{\partial \xi}+\frac{v^2}{J}\frac{\partial C_\eta}{\partial \xi}\\&-\frac{(\nu+\varepsilon)}{C_\eta C_\xi}\frac{\partial}{\partial \eta}\left(\frac{v}{C_\eta}\frac{\partial C_\eta}{\partial \xi}+\frac{\partial v}{\partial \xi}-\frac{u}{C_\eta}\frac{\partial C_\xi}{\partial \eta}\right)\\&+\frac{(\nu+\varepsilon)}{C_\eta C_\xi}\left(\frac{v}{C_\xi C_\eta}\frac{\partial C_\eta}{\partial \xi}+\frac{1}{C_\xi}\frac{\partial v}{\partial \xi}-\frac{1}{C_\eta}\frac{\partial u}{\partial \eta}\right)\frac{\partial C_\xi}{\partial \eta}\\&+\frac{(\nu+\varepsilon)}{C_\xi C_\eta}\frac{\partial}{\partial \xi}\left(\frac{u}{C_\xi}\frac{\partial C_\eta}{\partial \xi}+\frac{v}{C_\xi}\frac{\partial C_\xi}{\partial \eta}+\frac{\partial v}{\partial \eta}\right)\\&-\frac{(\nu+\varepsilon)}{C_\xi C_\eta}\left(\frac{1}{C_\xi}\frac{\partial u}{\partial \xi}+\frac{v}{C_\eta C_\xi}\frac{\partial C_\xi}{\partial \eta}+\frac{1}{C_\eta}\frac{\partial v}{\partial \eta}\right)\frac{\partial C_\eta}{\partial \xi}\\&-Mu\end{aligned}$

续表

方程	Ψ	Γ	S_p	S_c
η 方向运动方程	v	$v+\varepsilon$	$-g\dfrac{n^2\sqrt{u^2+v^2}}{H^{4/3}}$ $-\dfrac{u}{J}\dfrac{\partial C_\xi}{\partial \eta}$ $-\dfrac{(v+\varepsilon)}{C_\eta C_\xi}$ $\times\left(\dfrac{1}{C_\xi C_\eta}\dfrac{\partial C_\xi}{\partial \eta}\dfrac{\partial C_\xi}{\partial \eta}+\dfrac{1}{C_\eta C_\xi}\dfrac{\partial C_\eta}{\partial \xi}\dfrac{\partial C_\eta}{\partial \xi}\right)$	$-g\dfrac{1}{C_\eta}\dfrac{\partial Z}{\partial \eta}+\dfrac{u^2}{J}\dfrac{\partial C_\xi}{\partial \eta}$ $+\dfrac{(v+\varepsilon)}{C_\eta C_\xi}\dfrac{\partial}{\partial \eta}\left(\dfrac{u}{C_\eta}\dfrac{\partial C_\eta}{\partial \xi}+\dfrac{\partial u}{\partial \xi}+\dfrac{v}{C_\eta}\dfrac{\partial C_\xi}{\partial \eta}\right)$ $-\dfrac{(v+\varepsilon)}{C_\eta C_\xi}\left[\dfrac{\dfrac{u}{C_\xi C_\eta}\dfrac{\partial C_\eta}{\partial \xi}}{+\dfrac{1}{C_\xi}\dfrac{\partial u}{\partial \xi}+\dfrac{1}{C_\eta}\dfrac{\partial v}{\partial \eta}}\right]\dfrac{\partial C_\xi}{\partial \eta}$ $+\dfrac{(v+\varepsilon)}{C_\xi C_\eta}\dfrac{\partial}{\partial \xi}\left(\dfrac{v}{C_\xi}\dfrac{\partial C_\eta}{\partial \eta}-\dfrac{u}{C_\xi}\dfrac{\partial C_\xi}{\partial \eta}-\dfrac{\partial u}{\partial \eta}\right)$ $-\dfrac{(v+\varepsilon)}{C_\xi C_\eta}\left[\dfrac{\dfrac{1}{C_\xi}\dfrac{\partial v}{\partial \xi}}{-\dfrac{u}{C_\eta C_\xi}\dfrac{\partial C_\xi}{\partial \eta}-\dfrac{1}{C_\eta}\dfrac{\partial u}{\partial \eta}}\right]\dfrac{\partial C_\eta}{\partial \xi}$ $-M$
非平衡输沙方程	HS_L	ε_S	$-\alpha\omega_L$	$\alpha\omega_L S_L^*$

微分方程的数值离散采用有限体积法（控制容积法），同时，为避免产生锯齿状流速场和压力场，流速分量 u、v 在交错网格系统的各自控制体中求解，而压强 p 在主控制体中求解。计算程式采用 Pantankar 压力校正法（水深校正，即 SIMPLEC 算法）原理。

4.2.2 试验监测及模拟内容

(1) 水深指标监测

利用已有航道整治工程物理模型试验和数学模型计算，监测在定床条件下不同流量的水位变化，分析有无工程、不同水位条件下四大家鱼栖息水深范围的变化，重点监测工程区位置、边滩及心滩头部，关注矶头、节点、窜沟等位置的变化。

(2) 流速参数监测

利用已有航道整治工程物理模型试验，监测敏感区域的流速变化，结合数学模型计算，分析表层、中层、底层流速的变化，分析不同流量条件下四大家鱼适宜流速范围的变化。

(3) 地形变化的监测

数学模型和物理模型试验成果相互验证，分析工程前后地形变化对水深、流速等变化的影响，研究适宜流速、适宜水深等变化，综合分析栖息地适宜性面积等变化。

第 5 章

岸滩生态控导工程理论与工程实践

岸滩及河势调整对世界范围内的河流均产生深远影响，采取何种措施控制长河段岸滩传导及对下游河道演变及航道条件带来的不利影响，维持河势稳定，提高航道尺度，一直是困扰河流与航道学者的难题。由于不同河段的主流摆动特征及岸滩调整规律不同，针对性地采取治理措施，有利于整治工程取得事半功倍的效果，岸滩上下游联动传导规律的揭示为河道与航道治理对策提供了新的思路。

随着流域生态环境保护越来越受重视，航道工程需要与环境保护、防洪等诸多因素进行协同，更加重视航道整治工程对四大家鱼、浮游植物、浮游动物、底栖生物及水环境的影响。为此，有关专家学者对新型生态结构的生态学效果进行了研究。

研发的理论与技术成果在长江中游戴家洲河段、长江下游东北水道、江乌河段等工程中进行了应用，并取得了较好的生态学效果。

5.1 基于长河段岸滩联动与纵向传导的控导原则

5.1.1 强联动性河段岸滩控导原则

对于上下游岸滩演变存在"对应"关系的强联动性河段，河道与航道治理宜从上至下进行系统规划整治，其主要目的是保证上下游河势平顺衔接，避免因上下游河势不顺导致工程达不到预期效果，这对航道整治的选槽选汊尤为重要。

如果牌河段上下游为强联动性河段，当上游左汊（新堤夹）为主汊时，水流顶冲石头关水道右岸，引起赤壁山矶头挑流作用增强，导致下游陆溪口河段中港冲刷和直港淤积；反之，将促进直港的冲刷发展。对该河段治理宜先选择上游新堤河段的主槽，再选择陆溪口河段的主槽。若新堤河段选择右汊作为主槽，陆溪口河段应选择直港作为主槽。界牌一期整治工程分为四个部分：(1)右岸自鸭栏矶以下建14座丁坝，以堵塞上边滩与右岸之间的串沟、倒套，稳定上边滩，集中水流靠近左岸；(2)在新淤洲头部修建鱼嘴，增大新堤夹分流比，控制过渡段下移；(3)在新淤洲与南门洲之间的横槽进口建锁坝一座，稳定该河段两侧分流格局，减少新堤夹上段水流向右汊横向漫入，适当增加新堤夹下段流量，减缓淤积；(4)新堤夹下浅区进港航道疏浚工程，改善了新堤夹航道条件。上游新堤夹为主汊，相应地，下游陆溪口水道选择中港为主汊，整治工程包括：(1)修建鱼嘴，以增大中港分流比；(2)在洲头心滩与新洲洲体之间修建锁坝，防止中港水流横向漫入直港，保持中港下段水量充沛，同时防止新洲洲头切割及新中港的产生；(3)中港凹岸守护工程。以上措施顺应了上下游河道形势的对应规律,有利于保持水流下泄形势的畅通,又避免了下游整治工程因与上游河势条件不适应而发生水毁。

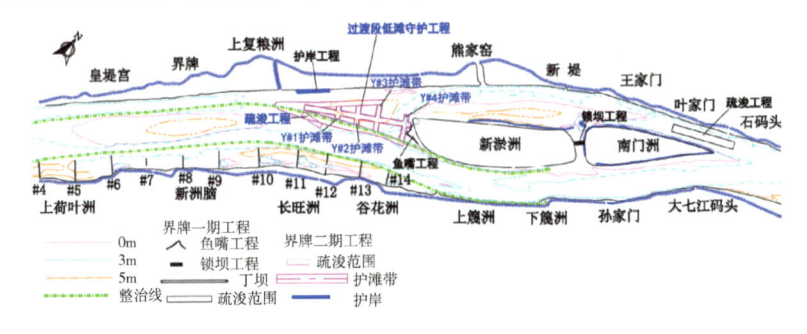

图 5.1-1　界牌河段治理工程平面图

如图 5.1-1 所示,界牌二期整治工程包括:(1)过渡段低滩守护工程,在新淤洲前沿过渡段低滩上采取"鱼嘴"和"鱼刺"护滩形式进行守护,保留左侧沿岸槽口;(2)对右岸上簰洲附近 3 000 m 长的已有护岸进行加固,对左岸上复粮洲一带 1 000 m 长的岸线进行守护;(3)疏浚工程,在将来心滩右槽向左槽转换过程中,右槽淤浅后,左槽出口航槽较窄,需对左槽出口过渡槽局部碍航浅区辅以疏浚。显而易见,二期整治工程倾向于将发展新堤右汊作为主汊,此时,下游陆溪口水道应选择直港作为主汊,如图 5.1-2 所示,整治工程包括:(1)直港进口挖槽,改善直港进口水流条件;(2)通过修建"鱼嘴"和洲头顺坝,"鱼嘴"的头部及洲头顺坝沿新洲脊线方向向上游适当延伸,从而稳定新洲,防止新中港的产生;同时拦截直港进口横流,使水流平顺进入直港;(3)采用固滩护岸措施,稳定新洲,防止中港岸线过于弯曲。以上整治措施有利于引导上游新堤右汊出流进入陆溪口直港,以保证上、下游河势平顺衔接。

以巴河—戴家洲河段为例,两河段之间没有阻隔性河段作用,使得上游巴河水道河势与下游戴家洲水道河势具有一一对应的关系,当上游池湖港心滩通过锁坝与右岸连为整体后,将促进左岸巴河边滩的淤积壮大,与戴家洲洲头心滩连为一体,进而减少圆港进流,增大直港分流比。此时,戴家洲已实施了相应的整治工程来巩固这一有利河势。例如,戴家洲一期整治工程的治理目标为:稳定直港枯水期分流条件,改善直港进口段弯道形态和进口浅区航道条件,枯水期利用圆港通航,中、洪水期利用直港通航。如图 5.1-3 所示,具体整治措施为:(1)鱼骨坝工程,脊坝 S1~S8,1#~7#刺坝,对新洲头滩地进行守护,通过刺坝坝田逐渐淤积,形成高大完整的新洲头滩地,稳定两汊的分流比,逐渐使直水道内形成较为稳定的滩槽形态;(2)

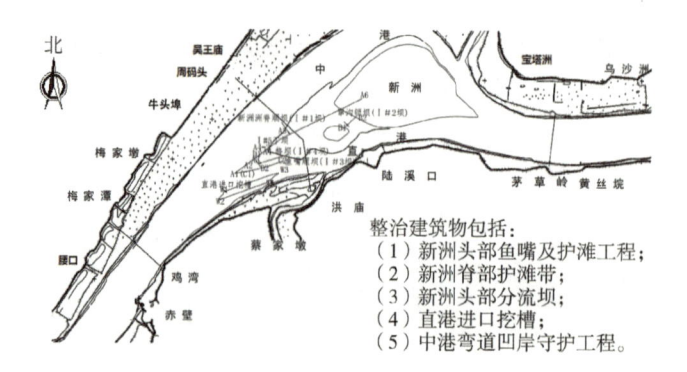

图 5.1-2　陆溪口水道治理工程平面图

新洲滩头护滩带工程及新洲滩头右缘护岸工程,用于保护新洲滩头不受横向水流的冲刷,与鱼骨坝结合在一起,保持滩地稳定。戴家洲二期整治工程进一步稳固了直港为主槽的地位,治理目标为:以直港为枯水期通航主汊,将中高水航线和枯水航线归于直港。具体整治措施为:(1)潜丁坝工程,在直港凸岸中上段布置 3 条潜丁坝,采用 D 型排垫底,坝身为全抛石结构;(2)护岸工程,护岸工程位于戴家洲右缘上段和中段,与右缘下段护岸工程平顺衔接,维持洲体的稳定。

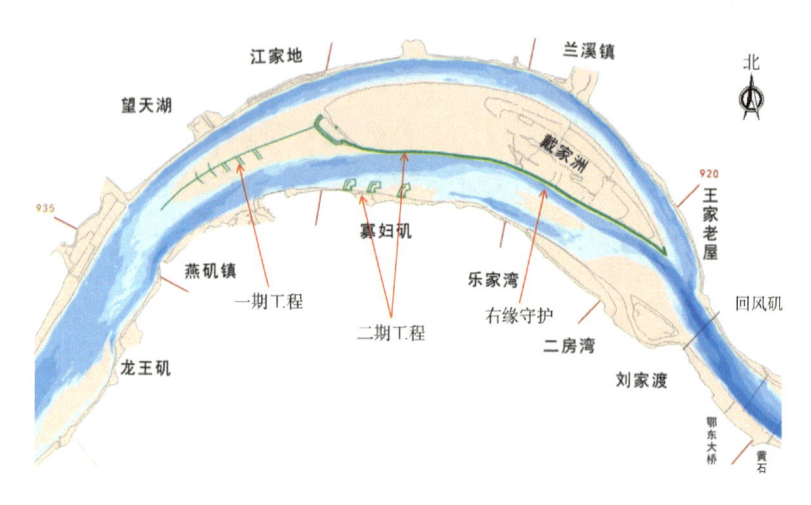

图 5.1-3　戴家洲河段工程平面布置图

5.1.2　强联动性向弱联动性转化的过渡段整治方法

对于上下游岸滩演变"基本对应"的强联动性河段,在一定条件下,有可能向弱联动性或非联动性的河段转化,因此,针对破坏非联动性的原因,可采取恰当整治措施予以消除,可能塑造出上下游岸滩演变非联动性河段的效果。如对崩岸剧烈的凹岸岸线进行及时守护,对河段中上部存在的挑流节点采取削咀等措施,束窄河宽以限制宽广河漫滩的发展,对弯颈过于狭窄的河段实施人工裁弯,对床沙质粒径过细的河段进行河底加糙,等等,从而形成单一微弯、岸线平顺的窄深河道,限制水流动力轴线摆动。

挑流节点的存在,促使上游河势及岸滩演变、调整并向下游传递,使得上下游演变的联动性增强。若考虑采取合理的工程措施消除节点的挑流作用,则上述河段也可能会具有非联动性或联动关系减弱,从而有利于其下游河段的长期河势稳定。因此,河势控制及航道整治工程应力求通过削咀等措施形成平顺河湾。如图 5.1-4(a)所示,在湖广水道整治工程中,规划采取猴子矶炸礁工程,即将牧鹅洲水道弯顶处猴子矶凸伸江中的暗礁全部清除,从而彻底改变湖广水道进口节点束窄段恶劣的漩涡水流条件对河势稳定及通航安全的不利影响。消除节点以改善局部水流条件,削弱上下游河势调整及岸滩演变的传递作用,从而稳定河势及岸滩格局,促使该项非联动性河段转变,这种削咀整治措施在其他河段整治过程中也被广泛应用。如图 5.1-4(b)所示,在监利乌龟夹出口处,由于主流出夹后直接顶冲太和岭矶头,造成矶头崩塌切割,原护坡石崩塌后堆于主流区,形成水下碍航物,在中、洪水期被淹于水中,流态紊乱。窑监水道整治目标包括适当清除乌龟夹出口太和岭附近江中的碍航乱石堆。具体整治措施为:分为 5 个清障区进行水下碍航乱石堆清除,5 个清障区均位于太和岭以下的江中,离岸距离在 60~180 m 之间,平均清障厚度为 2.8 m;弃渣区均选择在清障区临近岸边,沿太和岭一带岸线弃渣抛石,以利于该段岸线稳定。

除削咀外,束窄河宽、稳定岸滩格局也是促使强联动性河段向弱联动性河段或非联动性河段转化的主要措施。例如,湖广水道在采取进口削咀措施后,河段中部赵家矶边滩冲刷、过河槽淤积使主槽趋于不稳定,改变了湖广水道入流条件,将导致东槽洲右缘、碛矶港出口左岸西河铺一带崩岸。因此,湖广—罗湖洲水道整治思路为:实施赵家矶边滩守护工程,抑制边滩冲刷,稳定主流,改善航道条件,同时对关键高滩、岸线进行加固、守护,巩固完善已有工程效果。具体整治措施包括:(1)赵家矶边滩守护工程,修建 6 条护滩带;(2)东槽洲洲头串沟锁坝工程,在东槽洲洲头已建锁坝下游增建 1 道锁坝,坝体长为 168 m;(3)护岸加固工程,对左岸汪家铺—挖沟一带及东槽洲右缘 3 935 m 的高滩岸线进行加固,对碛矶港下段左岸西河铺一带 1 922 m 长的岸线进行守护。

(a) 猴子矶炸礁　　　　　　　　(b) 监利太和岭清障

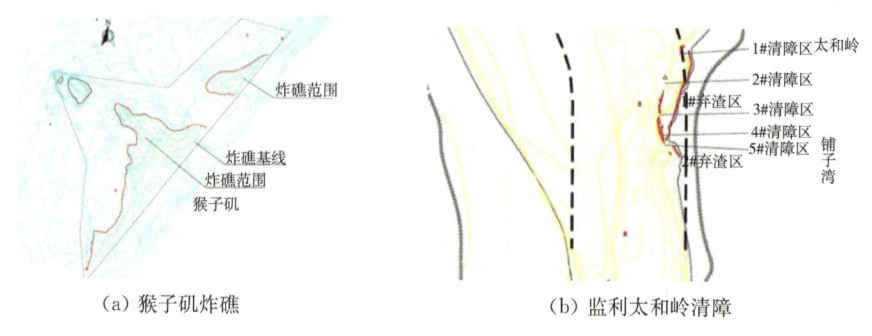

图 5.1-4　典型河段削咀工程布置图

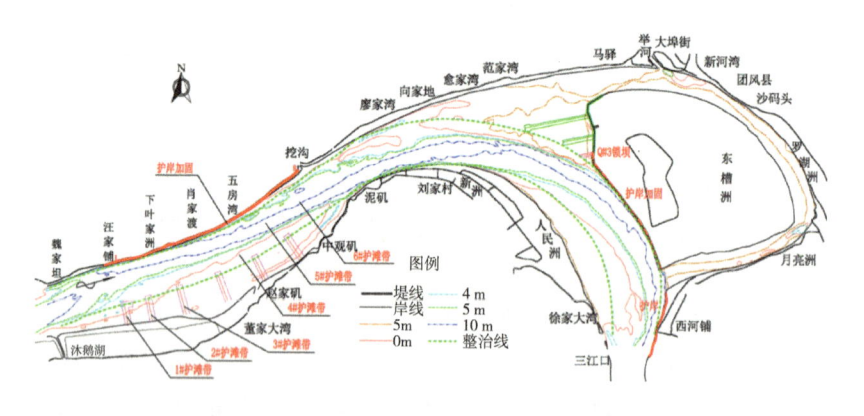

图 5.1-5　湖广—罗湖洲河段工程布置图

护滩带束窄河宽的方法在长江中下游放宽型河段有广泛应用。例如,莱家铺水道河岸稳定性很差,河床横向摆动剧烈,三峡水库蓄水后,莱家铺弯道段呈现出凸岸上游侧岸滩冲刷、凹岸侧滩体淤展的特点,左岸下段中洲子高滩剧烈崩退,致使河道不断展宽,汛末放宽段已出现江心滩的不利滩槽形态,且边滩尾部倒套上延,过渡段水流更加分散。针对上述演变特点,采取一定工程措施来保持岸线稳定,防止河道进一步展宽,有可能将莱家铺水道塑造成具有阻隔性的窄深型河道。因此,莱家铺水道的整治思路为:整治建筑物守护岸滩,防止河道边界及航道条件向不利方向发展。如图 5.1-6 所示,具体整治措施包括:(1)桃花洲岸滩守护工程,在莱家铺弯道凸岸侧上段桃花洲边滩修建四道护滩带,采用平顺式护岸对桃花洲一带岸线进行守护;(2)莱家铺边滩控制工程,在莱家铺边滩中下段修建 6 道护滩带,以防止莱家铺边滩中下段及鹅公凸倒套冲刷发展;(3)中洲子高滩护岸工程,对左岸下段中洲子高滩采用平顺式护岸进行守护,防止进一步崩岸使河道宽浅;(4)南河口下护岸加固工程,对南河口下一带护岸进行水下抛石加固,增强莱家铺弯道凹岸侧稳定性。

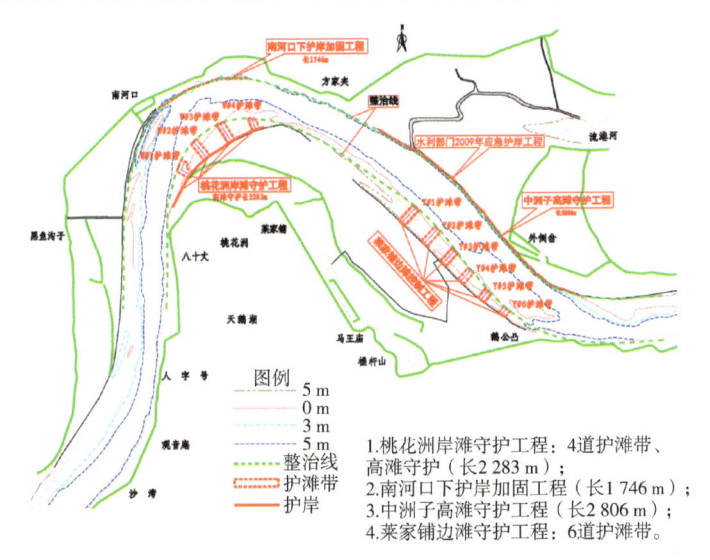

图 5.1-6　莱家铺水道工程布置图

再如牯牛沙水道(图 5.1-7),近年来牯牛沙边滩受冲后退,滩宽逐渐变窄,枯水河道逐渐放宽,主流右摆,上下深槽逐步交错,通航条件恶化。若要稳定牯牛沙水道河势及岸滩形态,引导牯牛沙水道由非联动性河段向强联动性的河段转化,至关重要的是,通过修建整治建筑物,抑制牯牛沙边滩后退,适当集中水流冲刷过渡段浅埂。因此,牯牛沙水道一期工程整治目标为:固滩促淤,抑制牯牛沙边滩受冲后退和过渡段水流的进一步分散。具体整治措施包括:(1)牯牛沙边滩丁坝工程由 3 道勾头丁坝和 1 道丁坝组成,在 1#～3#丁坝位置上建 1#～3#三道护滩带。(2)岸滩护脚加固工程。二期整治工程目标为:适当加高整治建筑物的高程,固滩促淤,约束水流,增强过渡段浅区冲槽能力;适当抑制下深槽槽头的吸流作用,缩短过渡段长度。具体整治措施包括:(1)牯牛沙浅区右岸沿整治线布置 4 道丁坝,前 3 道为一期工程护滩带位置加高,集中水流冲刷浅埂;(2)在下深槽倒套内布置 2 道高程为航行基面下 7 m 的潜坝,减小下深槽吸流作用,增加浅区枯水动力。

5.1.3　弱联动性向强联动性转化的过渡段整治方法

对于上下游河势"基本不对应"的非联动性河段,应注意维护原有的非联动

131

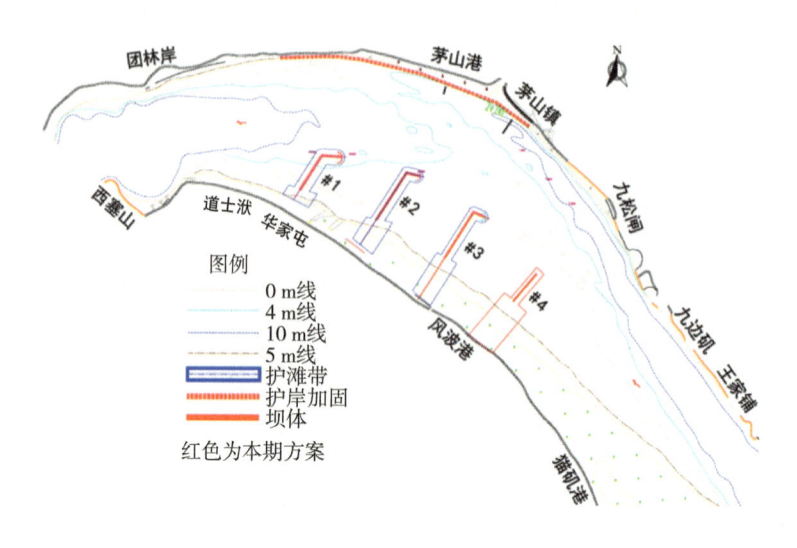

图 5.1-7　牯牛沙水道工程布置图

性河段的基本特征,防止因岸滩演变出现的不利变化而导致非联动性特征减弱或消失。当上游梯级水库修建等引起水沙条件突变时,可能引起凹岸大幅崩退、凸岸滩体大幅度萎缩等,使得河道变得宽浅,原有的非联动或弱联动特征逐渐丧失,应对这种变化需及时采取预防性措施。如三峡水库蓄水后,长江中下游含沙量锐减,受此影响,斗湖堤、调关、龙口、反咀等河段凸岸边滩明显蚀退,河道展宽,可能向微弯分汊型发展,长期来看,这种变化不利于该河段非联动属性的维持,凸岸边滩应及时守护显得尤为重要。

如图 5.1-8 所示,龙口水道能够阻止上游陆溪口水道的河势及岸滩演变调整传递至下游嘉鱼—燕子窝水道,使嘉鱼—燕子窝水道的治理目标及整治工程布置相对简单,对维持局部河势的稳定发挥着举足轻重的作用。为防止龙口水道滩槽形势发生不利转化,已有及在建的护岸工程已对龙口水道凹岸进行了全面守护,下一步将对凸岸侧边滩采取护滩带措施,必要时采用顺坝等措施加强守护,从而防止发生撇弯切滩,使弱联动性河段转变为强联动性河段。

5.1.4　非联动性河段航道与航道治理方法

对于上下游河势调整完全不对应的非联动性河段而言,维持好非联动性河段自身特征,将有利于保持长河段河势的稳定。塑造单一、微弯、窄深的平断面形态,又不形成人工节点以大幅度改变主流方向,最为可行的方法为平顺护岸。

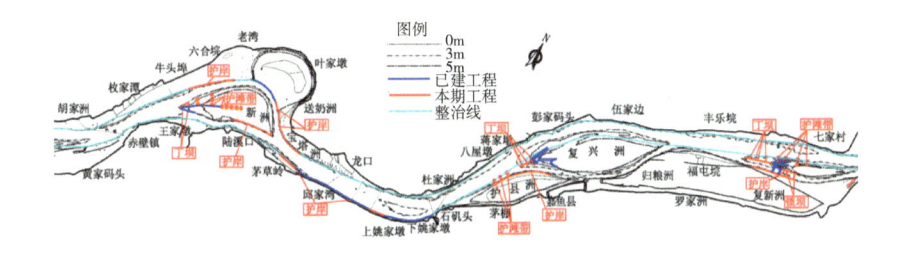

图 5.1-8　赤壁—潘家湾水道丁坝束窄河宽示意图

护岸对控制河势稳定一直具有重要意义，这点在长江中下游诸多河段中均有体现。对单一弯曲河段的凹岸进行及时守护，有望塑造出非联动性河段效果，形成窄深河道以约束水流。如图 5.1-9 所示，20 世纪 80 年代，下荆江的调关河段、塔市驿河段凹岸及时进行平顺护岸，从而形成单一微弯平面形态，断面相对窄深，河相系数较小，河段也就具有了非联动性。

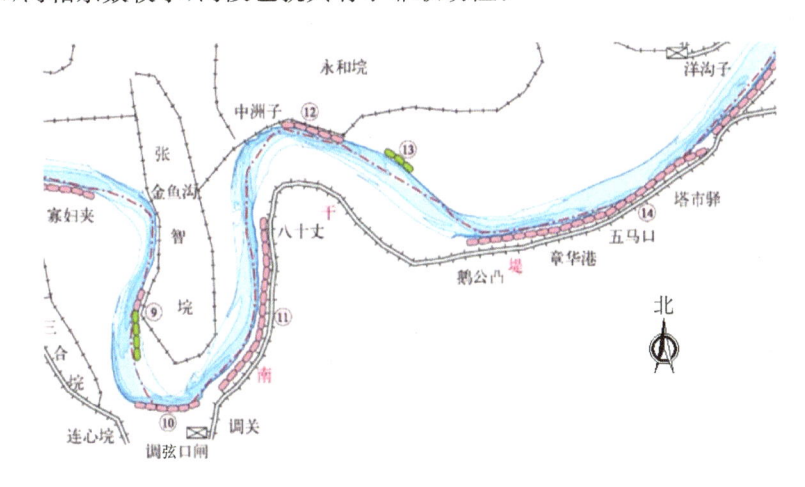

图 5.1-9　调关、塔市驿水道护岸工程布置图

如图 5.1-10 所示，黄石水道与搁排矶水道两岸沿程分布着大量山岩，虽然凸出的山矶具有一定的挑流作用，但由于其对岸也为山岩阶地，在山体与山体之间抗冲性相对薄弱的岸段实施了大量的护岸工程，从而有利于保持河道岸线的稳定，有利于河道保持河道单一、窄深的断面形态。无论上游河势如何调整，水沙条件如何变化，这类河段能够维持自身输沙平衡，河道宽度不会大幅拓展，不会发育出宽广低矮的河漫滩，也就不会引发滩槽格局的剧烈调整，进而能够长期约束主流平面位置。塑造具有这类特征的非联动性河段，将对长江中下游河道整治工程产生事半功倍的效果。

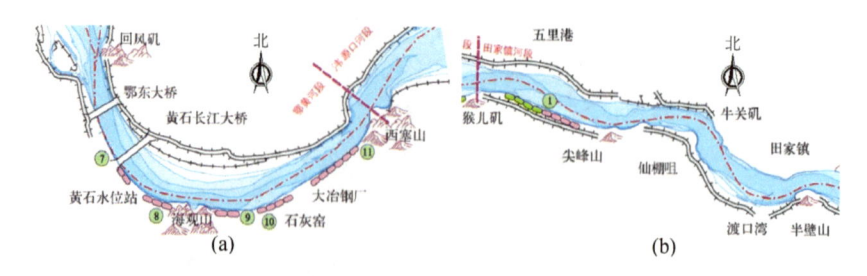

图 5.1-10　黄石、搁排矶水道护岸工程布置图

5.2　长江中游戴家洲河段航道整治工程生态效果

戴家洲河段已实施了多期的航道整治工程，主要为一期工程、右缘控导工程、二期工程(图 5.2-1)，以及正在实施的武汉至安庆段 6 m 水深航道整治工程。

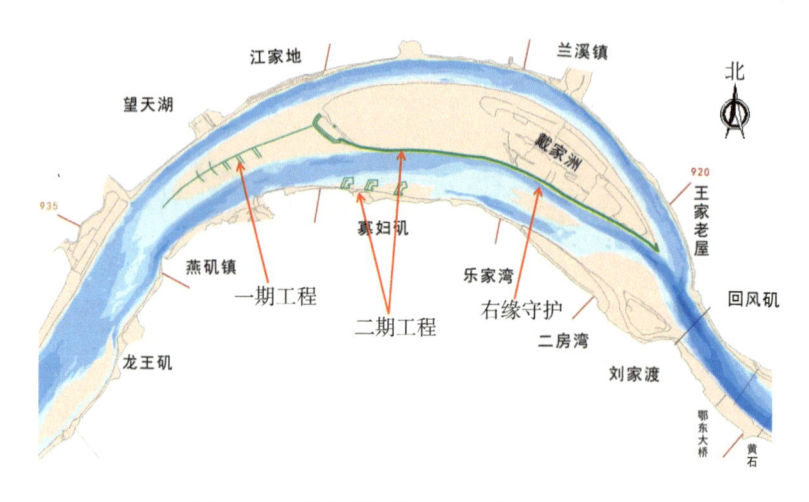

图 5.2-1　戴家洲河段已建工程平面布置图

5.2.1　戴家洲右缘控导工程生态效果分析

5.2.1.1　工程方案简介

戴家洲河段右缘控导工程主要内容为：护底带 2 条，总长度为 460 m；护岸长度为 3 838 m。

(1) 戴家洲右缘下段直水道侧护岸结构

戴家洲右缘下段直水道侧护岸长约 3 238 m。

① 采用平顺式护岸结构,从上往下包括坡顶马道、护坡、枯水平台、护底、镇脚、备填石。

② 坡顶马道:宽 3 m,高 50 cm,为干砌块石结构;内侧设基槽,基槽宽 1 m,深 50 cm,槽内铺石填充,用无纺布压在基槽内。

③ 护坡结构:护坡面层采用 30 cm 厚的干砌块石,其下为反滤层(10 cm 碎石、无纺布、10 cm 黄沙);坡间每隔 10 m 设一道纵向盲沟(盲沟宽 40 cm,深 60 cm,内垫无纺布,碎石填充)。

④ 枯水平台:宽 3 m,深 1 m,为干砌块石结构;内侧设基槽,基槽宽 1 m,深 50 cm,槽内铺石填充,护坡无纺布和护底排体压在基槽内。

⑤ 护底:采用 D 型排护底,排长 100 m。

⑥ 镇脚:为防止 D 型排老化和保证岸坡的稳定,从枯水平台至河心侧宽 30 m 范围内,在 D 型排上抛 1 m 厚块石镇脚。

⑦ 备填石:为防止 D 型排河心侧边缘冲刷破坏,在其边缘 20 m 范围抛 1 m 厚块石。

(2) 圆水道出口右侧局部护岸结构

圆水道出口右侧局部护岸长度为 200 m。

① 采用平顺式护岸结构,从上往下包括坡顶马道、护坡、枯水平台、护底、镇脚、备填石。

② 坡顶马道:宽 3 m、高 50 cm,为干砌块石结构;内侧设基槽,基槽宽 1 m,深 50 cm,槽内铺石填充,用无纺布压在基槽内。

③ 护坡结构:护坡面层采用 10 cm 厚六角混凝土块铺砌,其下为反滤层(10 cm 碎石、无纺布、10 cm 黄沙);坡间每隔 10 m 设一道纵向盲沟(盲沟宽 40 cm,深 60 cm,内垫无纺布,碎石填充)。

④ 枯水平台:宽 3 m,深 0.5 m,为干砌块石结构;内侧设基槽,基槽宽 1 m,深 50 cm,槽内铺石填充,护坡无纺布和护底排体压在基槽内。

⑤ 护底:采用 D 型排护底,排长 100 m。

⑥ 镇脚:为防止 D 型排老化和保证岸坡的稳定,从枯水平台至河心侧宽 30 m 范围内,在 D 型排上抛 1 m 厚块石镇脚。

⑦ 备填石:为防止 D 型排河心侧边缘冲刷破坏,在其边缘 20 m 范围抛

1 m块石。

（3）洲尾低滩控导结构

低滩控制面积为327 771 m²，控制高程为黄海高程0.84 m～11.84 m。低滩控导由护底排、排上压石组成。采用D型排护底。在设计水位下水深为2 m以上的D型排上抛石厚0.6 m，以防止排体老化，并增加排体的抗冲刷能力。在D型排的排体边缘10 m宽的范围内抛0.8 m厚块石，在排体外缘20 m范围内抛投透水框架。

5.2.1.2 航道治理生态效果分析

2018年3月18日至3月23日，武汉至安庆段6 m水深航道整治工程初步设计组开展了现场踏勘工作，交通运输部天津水运工程科学研究院作为模型单位参加了此次踏勘，对戴家洲右缘控导工程区域进行了重点踏勘。通过现场踏勘采集了戴家洲护岸工程图片（图5.2-2），枯水平台以上为干砌块石结构，石块空隙中生长一定的植被；枯水平台以下的抛石上布满小型贝壳，同时还分布有小螃蟹和虾米，为鱼类觅食的主要饵料，工程实施后底栖生态环境得到了恢复。

(a) 护岸工程枯水平台以上（竣工初期）

(b) 护岸工程枯水平台以上（2018年3月20日）

(c) 护岸工程枯水平台以下(2018年3月20日)

图 5.2-2　戴家洲右缘控导工程竣工后现场踏勘图

5.2.2　戴家洲河段二期航道工程方案生态水力学效果分析

5.2.2.1　二期工程方案简介

戴家洲河段二期航道整治工程包含直水道凸岸中上段低水潜丁坝工程、戴家洲右缘中上段护岸工程两部分(图5.2-3)。潜丁坝工程：在直水道凸岸中上段布置3条潜丁坝,工程长度分别为179 m、225 m和296 m。护岸工程：位于戴家洲右缘上段和中段（在右缘下段控导的基础上守中、上段），与右缘下段护岸工程平顺衔接,维持洲体的稳定,护岸总长度为6 047 m。

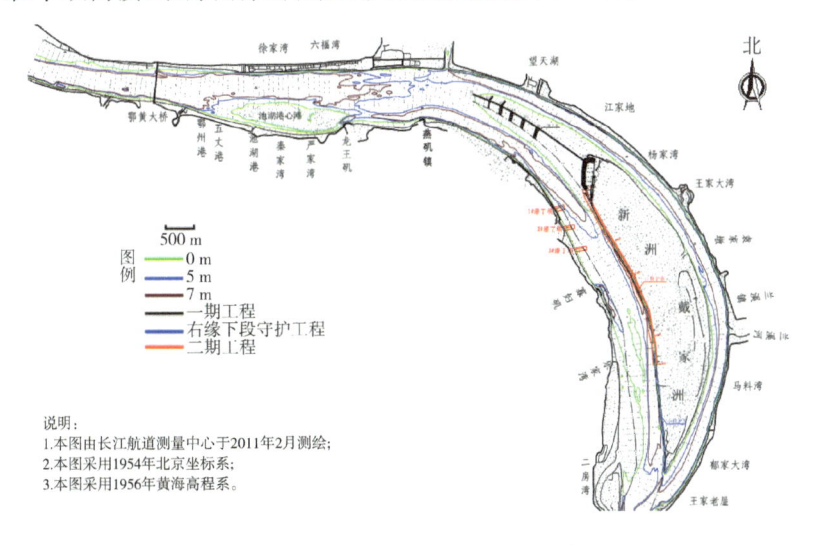

图 5.2-3　戴家洲河段二期工程平面布置图

(1) 护岸结构设计

护岸工程位于戴家洲右缘上段和中段(在右缘下段控导的基础上守护中、上段),该工程与右缘下段护岸工程平顺衔接。护岸长 6 047 m。断面设计取设计水位以上 3 m 作为施工水位(即黄海高程 10.84 m),施工水位处设枯水平台,枯水平台以上为陆上护坡,以下为水下护底和护脚。采用平顺式护岸结构,从上往下包括坡顶马道、护坡、枯水平台、护底、镇脚、备填沙枕。

① 坡顶马道:宽 3 m,高 50 cm,采用干砌块石结构。

② 护坡结构:面层采用与鱼骨坝根部护岸相同的面层结构为 23 cm 厚的钢丝网石笼护垫,利用钢丝网石笼护垫特有的钢丝连接工艺,把新老护坡面层连接在一起;面层下为反滤层(10 cm 碎石、无纺布、10 cm 黄沙);坡间每隔 10 m 设一道纵向盲沟(盲沟宽 40 cm,深 60 cm,内垫无纺布,碎石填充)。

③ 枯水平台:宽 3 m,深 1 m,为干砌块石结构;内侧设基槽,基槽宽深均为 50 cm,护坡无纺布和护底排体压在基槽内。

④ 护底:采用 D 型排护底,排长 100 m。

⑤ 镇脚:为防止 D 型排老化和保证岸坡的稳定,从枯水平台向河心侧 30 cm,在 D 型排上抛 100 cm 厚块石镇脚。

⑥ 备填沙枕:为防止 D 型排河心侧边缘冲刷破坏,在其边缘 20 m 范围内抛 1 m 厚备填沙枕。

(2) 潜丁坝工程结构设计

在直港凸岸中上段布置 3 条短潜丁坝,工程长度分别为 179 m、225 m 和 296 m。各工程坝头高程为 7.84 m(黄海基面)。

① 护底:采用 D 型排护底,排与排之间的搭接宽度为 6 m;在 D 型排上均匀抛石,抛石厚度为 0.8 m,并在排上下游段 20 m、头部 25 m 范围内的边缘排体上,在抛石基础之上加抛四面六边透水框架。

② 坝身:采用复合形式,各坝坝顶纵向坡度为 1∶400,坝顶宽 3 m;坝体迎水坡为 1∶2.0,背水坡为 1∶2.5,坝头轴线向外侧边坡为 1∶5;坝身为全抛石结构。

③ 根部护滩:本工程的潜丁坝根部距岸线较远,为了防止水流冲刷根部滩地,对根部滩地进行护滩处理;对高程在 15 m 以下、施工水位以上的滩地采用 X 型排控导,排体横向搭接宽度为 3 m,并在护滩带的上下游边缘布置铰链排,在 X 型排根部设置了底部高程为 15 m 的马道,马道宽 2 m,高 1 m。

5.2.2.2 生态水力学敏感指标计算

图 5.2-4 绘出了工程前后流速大小的变化等值线。整治工程实施后,由于整治工程缩窄河道过流面积,挤压水流,使主河道成为流速增大区,不同流量下主槽内流速增加 0.01~0.03 m/s;由于坝体阻水绕流,水流扩散,坝体周边流速减小,特别是坝体上下游和各坝体之间成为流速减小区,1#潜丁坝上游、1#~3#潜丁坝之间及 3#潜丁坝流速减小 0.04~0.1 m/s;但坝头和坝体附近由于受水流顶冲流速增加,3 个坝体表面流速增加 0.02~0.05 m/s。工程对计算河段的整体流场影响不大,流速的变化范围主要集中在工程局部区域。

工程实施后,水位的变化主要集中于拟建整治建筑物附近,对于单一整治建筑物,一般在其上游水位壅高,在整治建筑物附近及其下游局部范围水位降低;多个整治建筑物共同作用时会产生叠加影响。不同流量下丁坝上游河段水位壅高最大值为 3~10 mm;1#~3#丁坝之间局部水位壅高 1~3 mm,3#丁坝下游局部水位降低 1 mm;戴家洲圆水道水位壅高 1 mm。航道整治对水位影响较小。

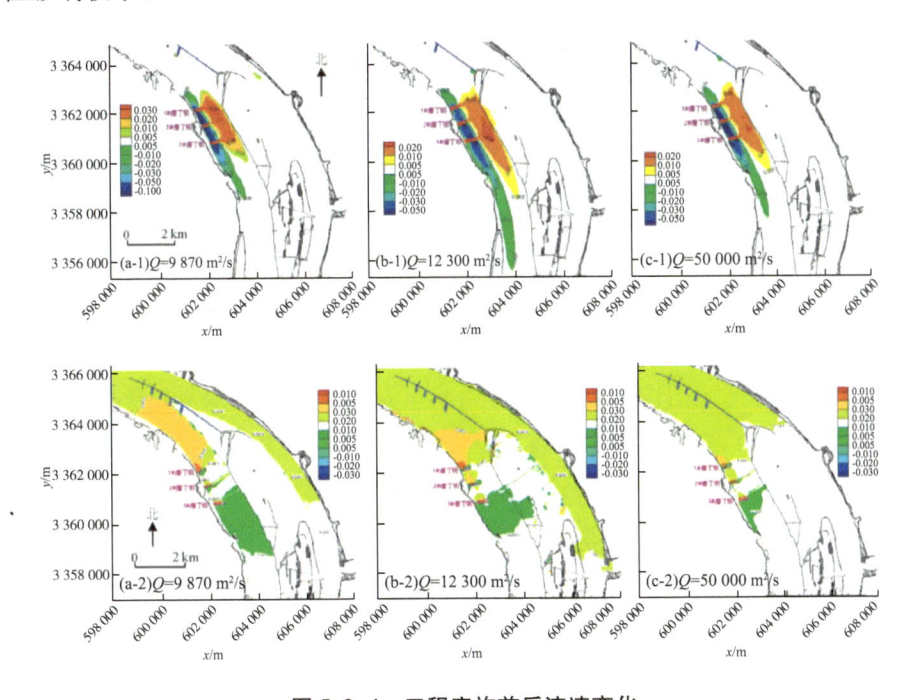

图 5.2-4 工程实施前后流速变化

形成四大家鱼产卵场的河道的特点为:(1)江岸有较大的矶头伸入江面;

(2)江心多沙洲;(3)河床急剧弯曲,引起水文条件的变化,刺激亲鱼产卵。当下泄水流受到复杂地形的阻挡时会形成泡漩水面,鱼卵就可随流上下翻腾,这是鱼卵在吸水膨胀的过程中最为适宜的繁育条件。除河床特征外,促使四大家鱼产卵的条件还要具备水温条件(如18℃以上)及河流涨水的刺激。江河涨水包含流量加大、水位上升、流速加快、透明度减小以及流态紊乱等系列水文变化过程。在上述河床特征河段,诸水文因素改变明显时便形成产卵场。本研究,在流量为23 300 m^3/s 和 50 000 m^3/s 时,工程区水位变幅不大,一般为3～5 mm,基本不改变工程江段的水域面积。在三峡水库蓄水175 m,最枯流量为9 870 m^3/s 的条件下,3道潜丁坝处的水位为11.85 m,比潜丁坝设计高程9.09 m高出2.76 m,潜丁坝全部在水下,不露出,不会对近岸水流产生阻隔影响。最枯流量下,3个潜丁坝之间的流态更为复杂紊乱,在丁坝后方产生漩涡流而形成的回水区,有利于"泡漩水"形成,有利于卵的受精和正常孵化。此外,潜丁坝局部流速的变化,导致其附近河床的冲淤变化、流速变化形成的冲坑与淤积,形成深潭与水下沙丘交替分布,为底栖鱼类营造良好的索饵与栖息环境,也为鱼类提供良好的越冬条件。潜丁坝坝体及周边石块可兼具人工鱼礁的作用,为部分小型鱼类提供主要栖息、索饵和产卵环境。四大家鱼产卵的适宜流速为0.33～1.0 m/s。当流量为23 300 m^3/s 时,流速最大变化占产卵流速的15.2%～5.6%;当流量为50 000 m^3/s 时,流速最大变化占产卵流速的11.5%～4.2%。四大家鱼在江水上涨时产卵,由于潜丁坝区域从洪峰开始上涨到最高时流速变化范围在−0.038～−0.05 m/s之间,工程实施后丁坝区附近的流速在1.5 m/s以内,流速改变很小,满足四大家鱼产卵的流速要求。

5.2.2.3 航道治理生态效果分析

2018年3月18日至3月23日,武汉至安庆段6 m水深航道整治工程初步设计组开展了现场踏勘工作,交通运输部天津水运工程科学研究院作为模型单位参加了此次踏勘,对戴家洲右缘控导工程区域进行了重点踏勘。

通过现场踏勘采集了戴家洲护岸工程图片(图5.2-5),枯水平台以上为钢丝网石笼护垫结构,已布满植被,植被生态态势良好;枯水平台以下的抛石上布满小型贝壳,同时还分布有小螃蟹和虾米,为鱼类觅食的主要饵料,工程实施后底栖生态环境得到了恢复。

(a) 护岸工程枯水平台以上（竣工初期）

(b) 护岸工程枯水平台以上（2018年3月20日）

(c) 护岸工程枯水平台以下（2018年3月20日）

图 5.2-5　戴家洲二期航道整治工程竣工后现场踏勘图

5.2.3　戴家洲河段 6 m 水深航道整治工程生态水力学试验研究

5.2.3.1　工程方案简介

戴家洲河段 6 m 水深航道整治工程方案平面布置如图 5.2-6 所示，具体参数如下。

(1) 池湖港边滩护滩带工程。在池湖港边滩修建2道护滩带,长度分别为701 m、708 m,并对其根部岸线进行控导。

(2) 已建鱼骨坝延长工程。将新洲头滩地已建鱼骨坝进行延长,延长长度为2 736 m,鱼骨头部高程为设计水位下1.5 m(1985国家高程基准为6.53 m),根部与已建鱼骨坝平顺衔接。在鱼骨坝延长段新建5道齿形护滩,护滩带长度分别为144 m、139 m、137 m、172 m、206 m。

(3) 乐家湾边滩控制工程。在直水道右岸乐家湾一带修建5道护滩带,护滩带长分别为474 m(含勾头长150 m)、680 m(含勾头长150 m)、569 m、669 m、1 063 m(含勾头长300 m),4#、5#护滩带根部窜沟区域为坝体,坝体高程为设计水位下2 m(1985国家高程基准为6.03 m);对护滩带根部岸线进行控导。

(4) 戴家洲右缘护岸加固工程。对右缘已实施护岸工程区域进行加固,长度为8 336 m。

(5) 直水道疏浚工程。对戴家洲直水道进口及出口水深较浅区域进行疏浚,疏浚底高程为设计最低通航水位下7.5 m(1985国家高程基准为0.53 m)。

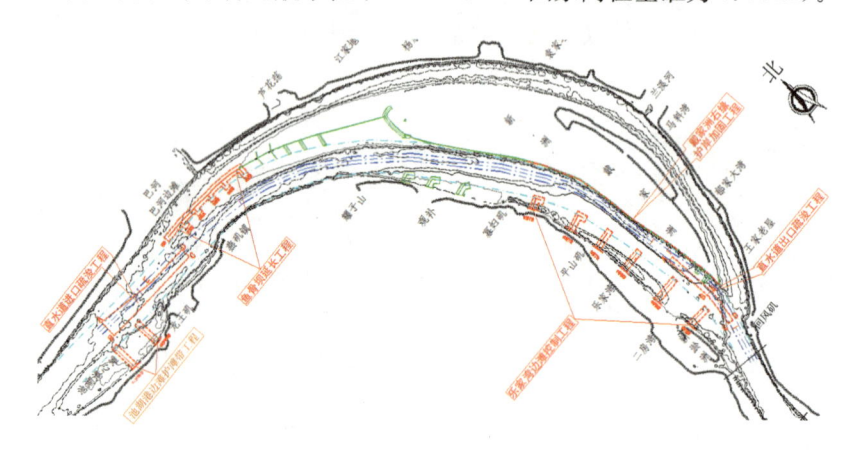

图 5.2-6 戴家洲河段6 m水深航道整治工程平面布置图

5.2.3.2 生态水力学试验结果分析

(1) 流速变化

水动力变化应重点关注河道流态复杂性的影响、航道内外的流速变化等(图5.2-7~图5.2-10)。

① 河道流态复杂性

戴家洲河段内存在池湖港边滩、戴家洲边滩、巴河边滩、寡妇矶边滩、乐家湾边滩、新淤洲等边心滩,河道的滩槽格局较为复杂;河道两岸边界上分布有龙王矶、寡妇矶、平山矶、回风矶等矶头或节点,在矶头附近水流动力强,且存在漩涡等三维水流特性,水流流态表现出多样性。

戴家洲河段6 m水深航道整治工程与矶头或节点存在一定距离,与天然情况进行比较,矶头或节点位置的水流多样性未受到影响;在工程区域附近水流的三维特性更为明显,水流结构更为丰富多样。

② 航道流速变化

在工程实施后的枯水流量下,直水道进口浅区及直水道内中段、下段浅区流速均有所增加,流速的增加有利于浅区落水期冲刷。其中,流量为11 900 m^3/s(整治流量)时,直水道进口浅区流速增幅为0.03~0.11 m/s;直水道中段浅区流速增幅为0.03~0.05 m/s;直水道下段浅区流速增幅为0.04~0.11 m/s。中、洪水流量下河段流速变幅很小。模型中对枯、中、洪各级流量下工程区两岸近岸约30 m处的流速进行了对比测量,可知,洪水流量下巴河水道左岸近岸流速最大增幅为0.01 m/s,戴家洲右缘中下段近岸流速最大增幅为0.03 m/s。

③ 工程区附近流速变化

坝田:各坝田流速均有一定的减小,且流量越小,流速减小幅度越大。

建筑物头部:在枯水流量下,脊坝及护滩带头部流速有所增加,其中脊坝头部流速增幅相对较大,最大增幅约0.10 m/s。

(2) 四大家鱼生态要素敏感流速变化

比较依据:戴家洲河段6 m水深航道整治工程实施后,经历系列水文年后,戴家洲河段航道地形条件下的水动力与2018年3月地形工程未实施条件下的水动力进行比较。

戴家洲河段进口:工程实施后,中枯水流量($Q<23\ 300\ m^3/s$)时,鄂黄长江大桥—拟建洲头控导工程头部区间,四大家鱼产卵适宜流速($0.9\ m/s<V<1.3\ m/s$)的范围增大,有利于鱼卵向下游漂移;工程实施后,在枯水流量($Q=11\ 900\ m^3/s$)时,戴家洲河段进口流速适宜范围与直水道相连,说明工程在改善航道水深的同时,也进一步改善了进口段四大家鱼鱼卵漂浮流速适宜环境;长江中下游河段四大家鱼产卵主要在4—7月,汉口站流量低于50 000 m^3/s,洪水期流速变化对四大家鱼卵适宜性的影响较小。

直水道:工程实施后,中枯水流量($Q<23\ 300\ m^3/s$)时,整个直水道适宜流速($0.9\ m/s<V<1.3\ m/s$)的范围增大,乐家湾工程区附近及对应深槽鱼卵漂

移的适宜流速范围略有减小,随着流量的增加,该范围逐渐减小。

圆水道:中枯水流量($Q<23\ 300\ m^3/s$)时,圆水道杨家岭—戴家洲尾部鱼卵漂移的适宜流速($0.9\ m/s<V<1.3\ m/s$)的范围略有增加;长江中下游河段四大家鱼产卵主要在4—7月,汉口站流量低于$50\ 000\ m^3/s$,洪水期流速变化对四大家鱼产卵适宜性的影响较小。

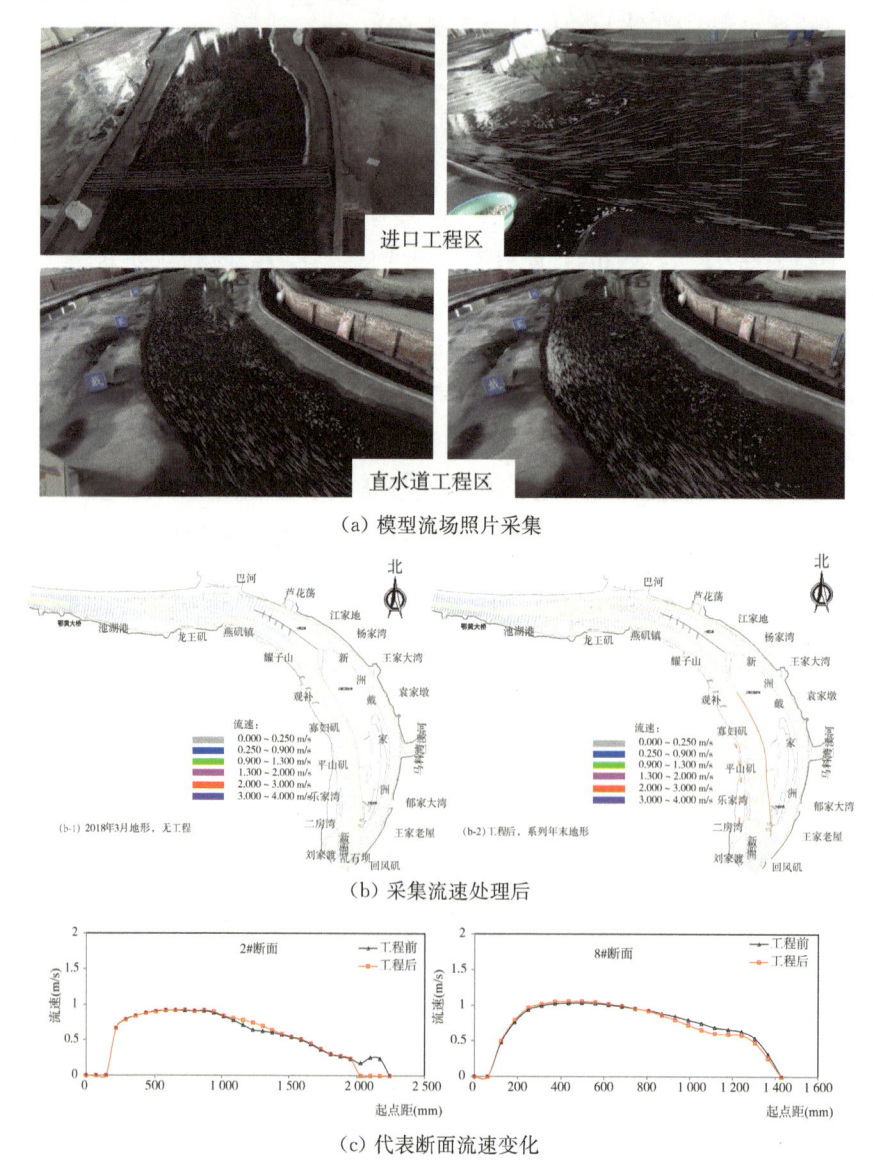

图 5.2-7　戴家洲河段 6 m 水深航道整治工程实施前后流速变化($Q=11\ 900\ m^3/s$)

(a) 模型流场照片采集

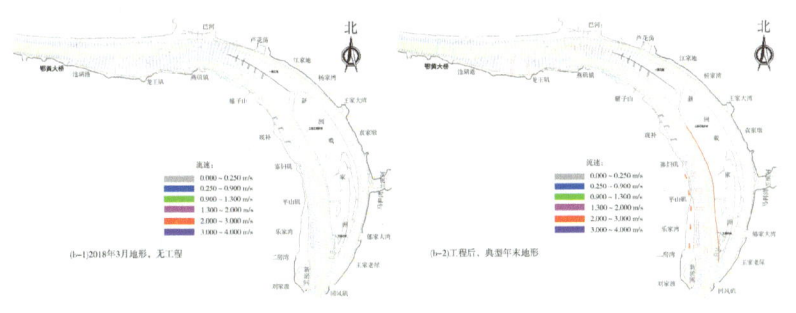

(b) 采集流速处理后

图 5.2-8 戴家洲河段 6 m 水深航道整治工程实施前后流速变化($Q=15\,764\ \mathrm{m^3/s}$)

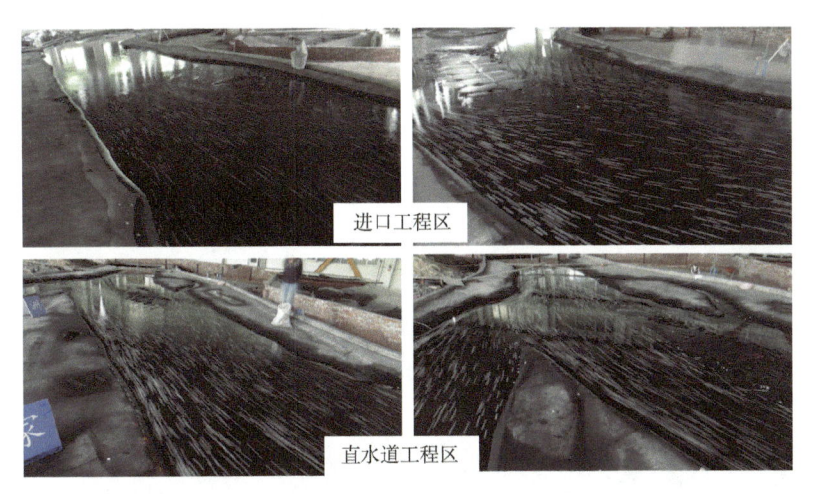

(a) 模型流场照片采集

(b) 采集流速处理后

图 5.2-9　戴家洲河段 6 m 水深航道整治工程实施前后流速变化（$Q=23\ 300\ \text{m}^3/\text{s}$）

(a) 模型流场照片采集

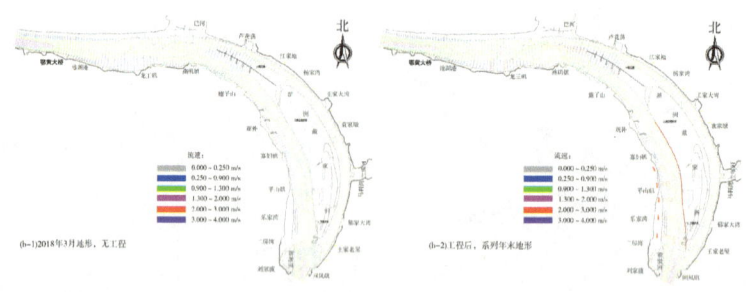

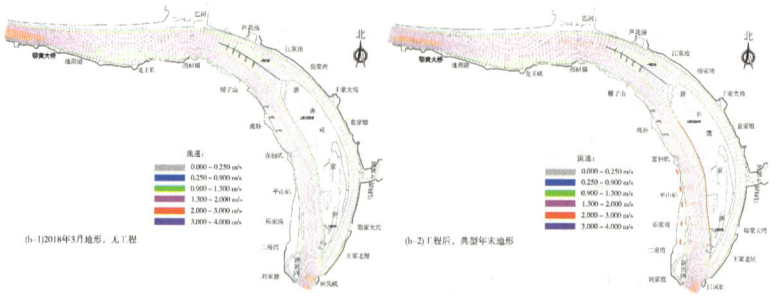

(b) 采集流速处理后

图 5.2-10　戴家洲河段 6 m 水深航道整治工程实施前后流速变化（$Q=50\ 000\ \text{m}^3/\text{s}$）

(3) 河道形态变化

戴家洲河段 6 m 水深航道整治工程实施后，经历系列水文年后，戴家洲河段航道地形与天然情况（2018 年 3 月）进行比较（图 5.2-11），分析表明：

① 池湖港心滩工程区、洲头延长工程区及直水道右岸工程区均表现为淤

积态势,淤积幅度为 1～2 m。

② 直水道右岸边滩与心滩呈现出归并的趋势,滩体形态好转。

③ 鱼骨坝头部有所冲刷,局部地形冲深达 5～6 m;直水道右岸侧护滩带头部有所冲刷,局部地形冲深约 6.0 m。戴家洲右缘已实施护岸工程区一定范围内的岸坡坡脚有所冲刷,局部最大冲刷深度达 4 m。

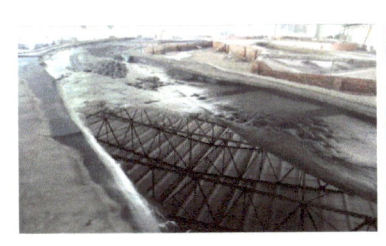

图 5.2-11　典型年末地形冲淤及洲滩变化

(4) 栖息地适宜度指数分析

图 5.2-12～图 5.2-15 为戴家洲河段整治工程前后四大家鱼流速、水深、栖息地适宜度指数变化。

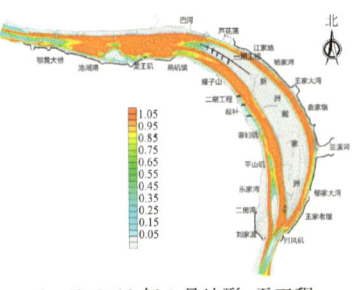

(a-1) 2018 年 3 月地形,无工程　　　(a-2) 典型年后地形,工程后

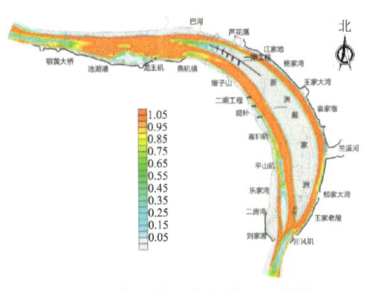

(a) 水深适宜度指数变化

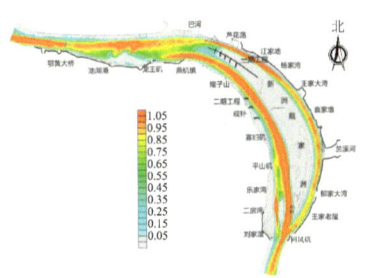

(b-1) 2018 年 3 月地形,无工程　　　(b-2) 典型年后地形,工程后

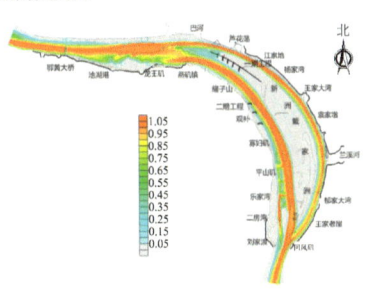

(b) 流速适宜度指数变化

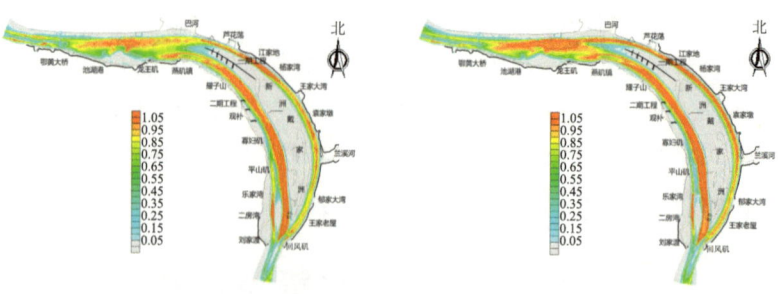

(c-1) 2018年3月地形，无工程　　　　　　（c-2) 典型年后地形，工程后

(c) 栖息地适宜度指数变化

图 5.2-12　$Q=11\,900\ \mathrm{m^3/s}$ 时栖息地适宜度指数变化

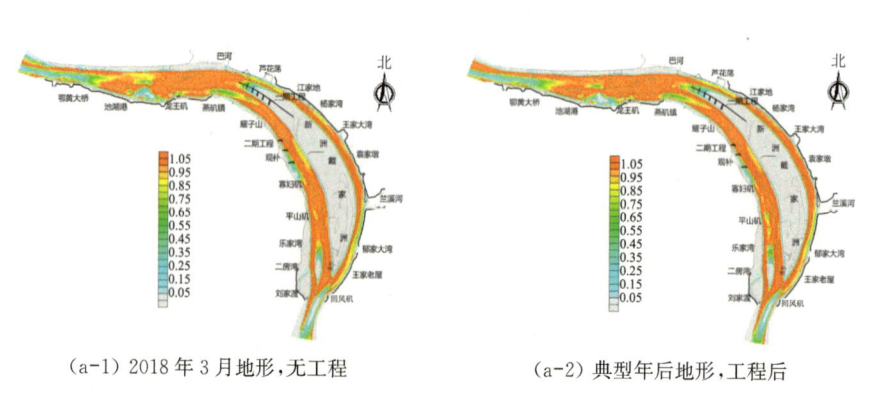

(a-1) 2018年3月地形，无工程　　　　　　（a-2) 典型年后地形，工程后

(a) 水深适宜度指数变化

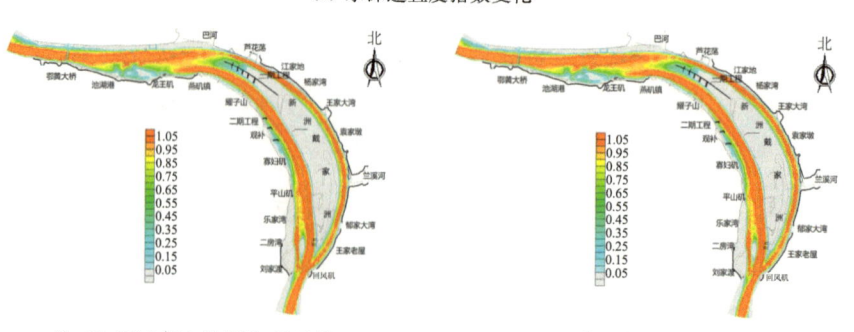

(b-1) 2018年3月地形，无工程　　　　　　（b-2) 典型年后地形，工程后

(b) 流速适宜度指数变化

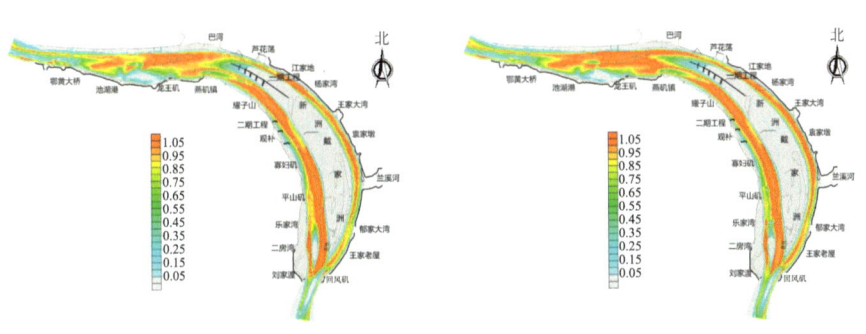

(c-1) 2018年3月地形，无工程　　　　　　（c-2) 典型年后地形，工程后

(c) 栖息地适宜度指数变化

图 5.2-13　$Q=15\,764\text{ m}^3/\text{s}$ 时栖息地适宜度指数变化

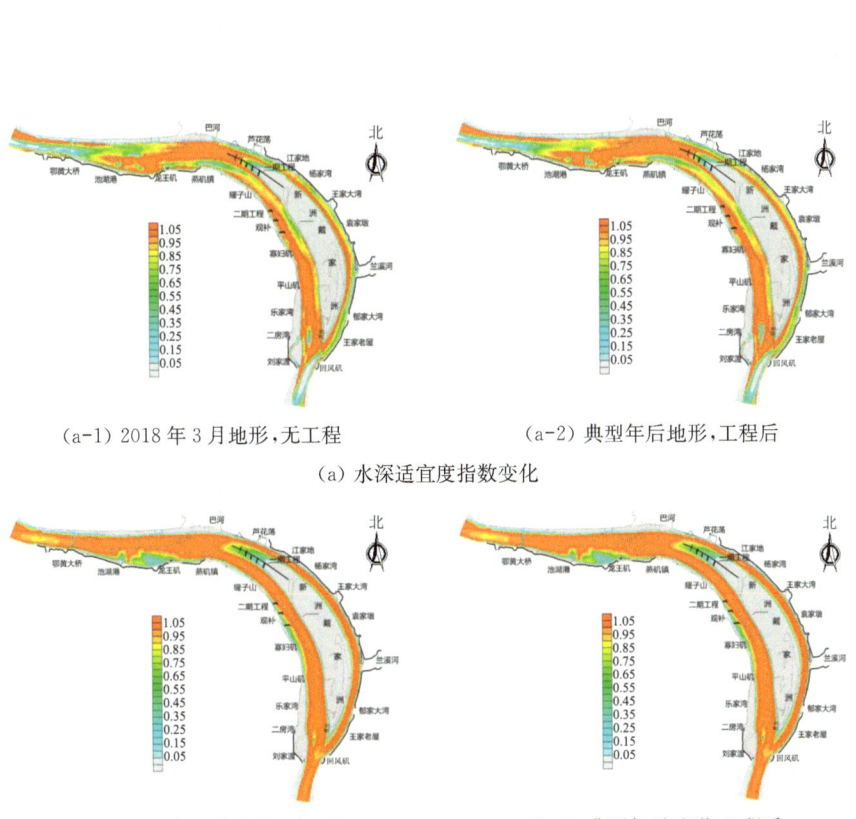

(a-1) 2018年3月地形，无工程　　　　　　（a-2) 典型年后地形，工程后

(a) 水深适宜度指数变化

(b-1) 2018年3月地形，无工程　　　　　　（b-2) 典型年后地形，工程后

(b) 流速适宜度指数变化

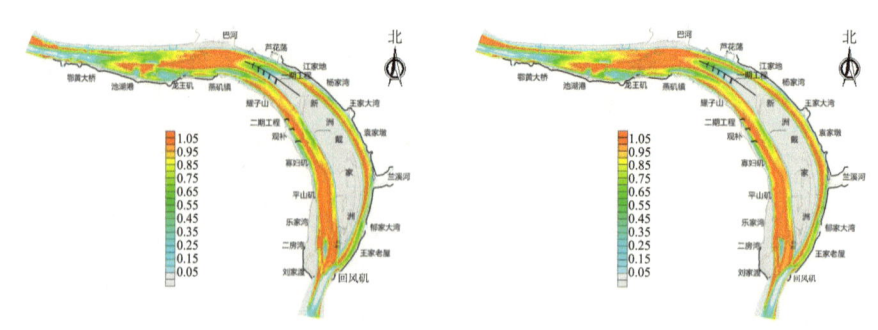

(c-1) 2018年3月地形,无工程　　　　　　(c-2) 典型年后地形,工程后

(c) 栖息地适宜度指数变化

图 5.2-14　$Q=23\,300\text{ m}^3/\text{s}$ 时栖息地适宜度指数变化

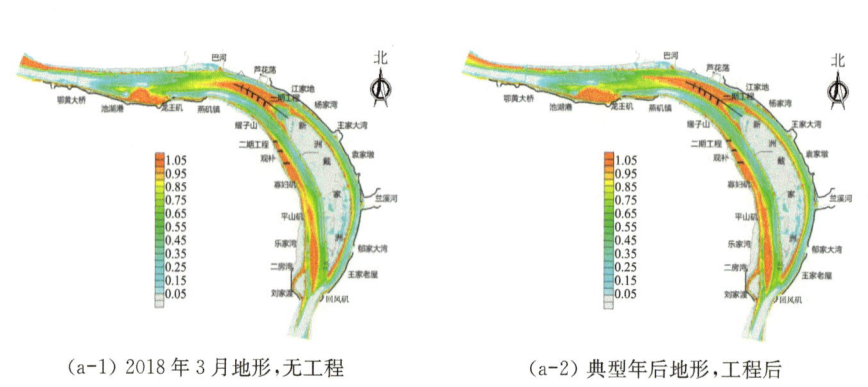

(a-1) 2018年3月地形,无工程　　　　　　(a-2) 典型年后地形,工程后

(a) 水深适宜度指数变化

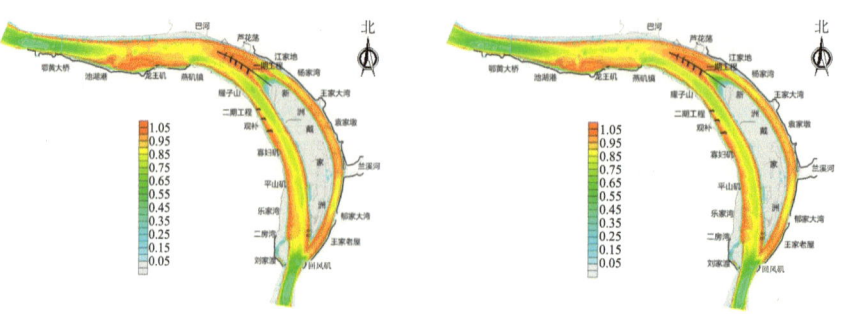

(b-1) 2018年3月地形,无工程　　　　　　(b-2) 典型年后地形,工程后

(b) 流速适宜度指数变化

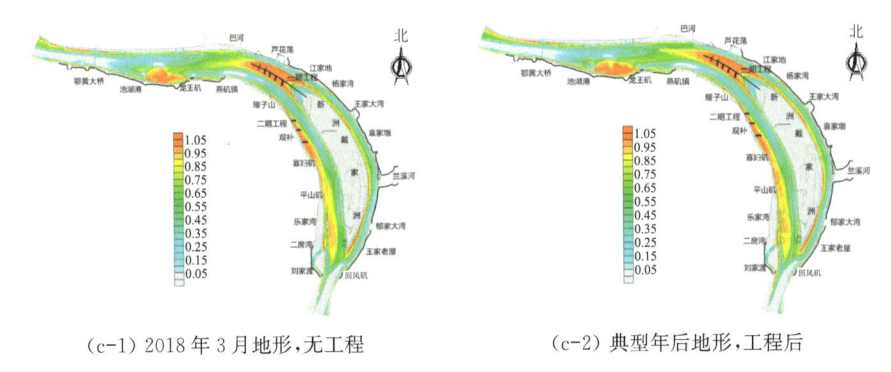

(c-1) 2018年3月地形,无工程　　　(c-2) 典型年后地形,工程后

(c) 栖息地适宜度指数变化

图 5.2-15　$Q=50\,000\text{ m}^3/\text{s}$ 时栖息地适宜度指数变化

① 戴家洲进口段

水深适宜度指数变化:各代表流量级条件下,鄂黄长江大桥—戴家洲洲头拟建工程头部的水深适宜度变化不大。枯水流量($Q=11\,900\text{ m}^3/\text{s}$)时,池湖港工程区的水深适宜度指数范围略有减少,洪水期变化不大。

枯水流量($Q=11\,900\text{ m}^3/\text{s}$)时,戴家洲洲头控导工程区域的四大家鱼的水深适宜度指数范围略有减小。由于控导工程的高程较低,工程实施后,洪水时期($Q=50\,000\text{ m}^3/\text{s}$)水深适宜度指数范围影响较小。

流速适宜指数变化:枯水流量($Q=11\,900\text{ m}^3/\text{s}$)时,鄂黄长江大桥—戴家洲洲头拟建工程头部的流速适宜度范围增加;中洪水时期($Q>23\,300\text{ m}^3/\text{s}$),该区域的流速适宜度指数范围变化不大。

栖息地适宜度指数(HSI)变化:枯水流量($Q=11\,900\text{ m}^3/\text{s}$)时,鄂黄长江大桥—戴家洲洲头拟建工程头部的栖息地适宜度范围增加;中洪水时期($Q>23\,300\text{ m}^3/\text{s}$),该区域的栖息地适宜度指数范围变化不大。

池湖港工程区(图 5.2-16):枯水流量($Q=11\,900\text{ m}^3/\text{s}$)时,工程区域的栖息地适宜度指数略有减小,随着流量的增加,池湖港工程区的 HSI 数值逐渐增加。

在典型年末地形条件下,中枯水流量($Q<23\,300\text{ m}^3/\text{s}$)时,池湖港边滩护滩带头部至对应深槽区域的栖息地适宜度指数均略有增加;洪水流量($Q=50\,000\text{ m}^3/\text{s}$)时,护滩带工程区栖息地适宜度指数略有减少,洪水时期为非四大家鱼产卵期,栖息地适宜度指数变化对四大家鱼产卵的影响不大。

(a) $Q=11\ 900\ \text{m}^3/\text{s}$

(b) $Q=15\ 764\ \text{m}^3/\text{s}$

(c) $Q=23\ 300\ \text{m}^3/\text{s}$

(d) $Q=50\ 000\ \text{m}^3/\text{s}$

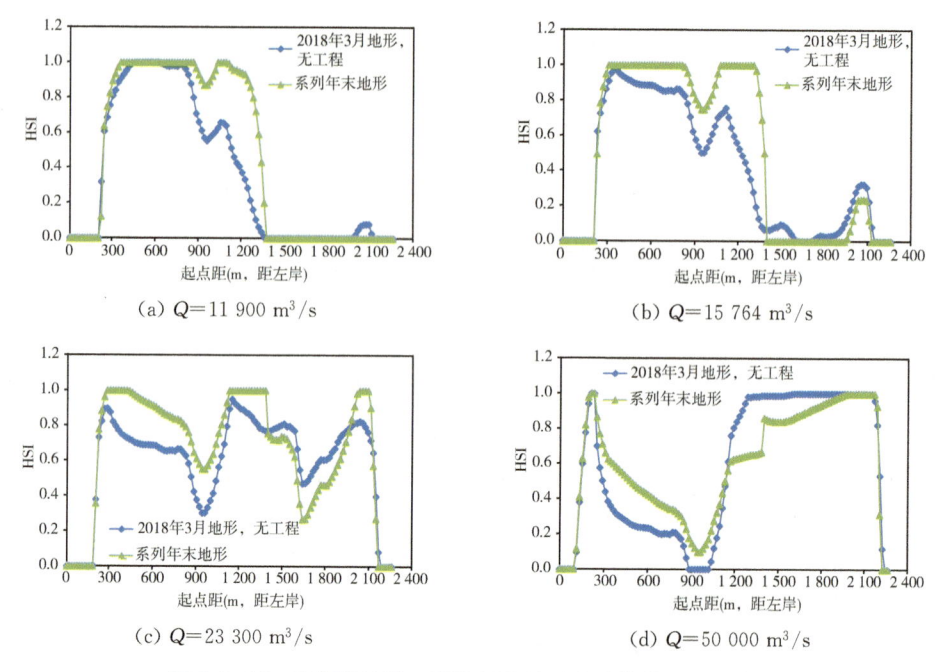

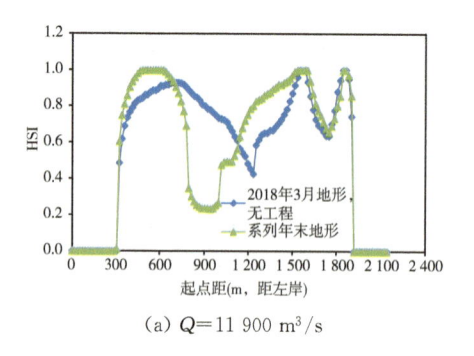

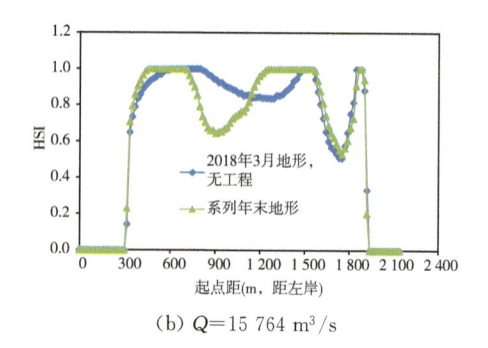

图 5.2-16　池湖港边滩工程区栖息地适宜度指数(HSI)变化

戴家洲洲头工程区(图 5.2-17)：中枯水流量($Q<23\ 300\ \text{m}^3/\text{s}$)时，工程实施后，栖息地适宜度指数略有减小趋势，随着流量的增加，影响逐渐减小；洪水流量($Q=50\ 000\ \text{m}^3/\text{s}$)时，圆水道进口栖息地适宜度指数略有减小，直水道进口临近工程边缘区域栖息地适宜度指数略有增加。

(a) $Q=11\ 900\ \text{m}^3/\text{s}$

(b) $Q=15\ 764\ \text{m}^3/\text{s}$

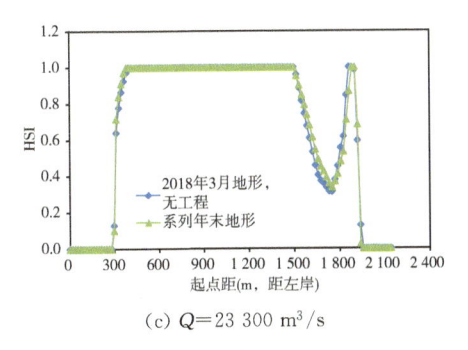

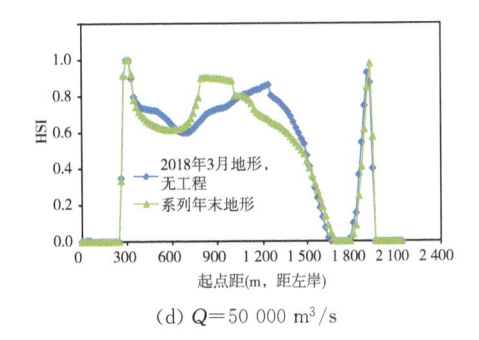

(c) $Q=23\ 300\ m^3/s$ (d) $Q=50\ 000\ m^3/s$

图 5.2-17　戴家洲头部工程区栖息地适宜度指数（*HSI*）变化

② 戴家洲直水道

水深适宜度指数变化：各代表流量级条件下，直水道乐家湾工程区的水深适宜度指数略有减小，且随着流量的增加，水深适宜度指数的减幅逐渐减小；直水道进口的水深适宜度指数增大，且随着流量的增加，水深适宜度指数变化不大。

流速适宜度指数变化：各代表流量级条件下，直水道进口的流速适宜度指数有所增加，且随着流量的增加，流速适宜度指数的增幅减小；直水道乐家湾工程区的流速适宜度指数有所减小，且随着流量的增加，流速适宜度指数的减幅减小。

栖息地适宜度指数变化：整体上，工程实施后，整个直水道栖息地适宜度指数略有增加。

各代表流量级条件下，直水道乐家湾工程区的栖息地适宜度指数略有减小，且随着流量的增加，栖息地适宜度指数的减幅减小。

戴家洲直水道乐家湾工程区 2#护滩带区域（图 5.2-18）：各代表流量级条件下，工程区位置的栖息地适宜度指数减小，随着流量的增加，减幅逐渐减小，洪水流量时影响不大。

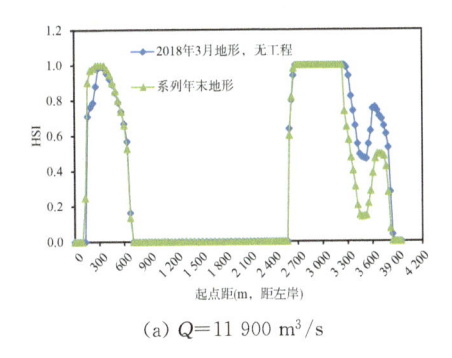

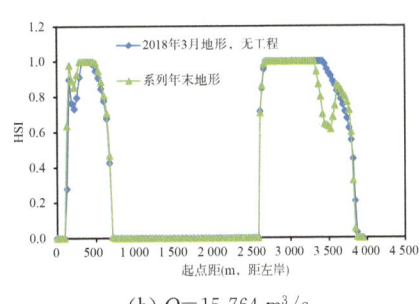

(a) $Q=11\ 900\ m^3/s$ (b) $Q=15\ 764\ m^3/s$

(c) $Q=23\ 300\ m^3/s$　　　　　　　　(d) $Q=50\ 000\ m^3/s$

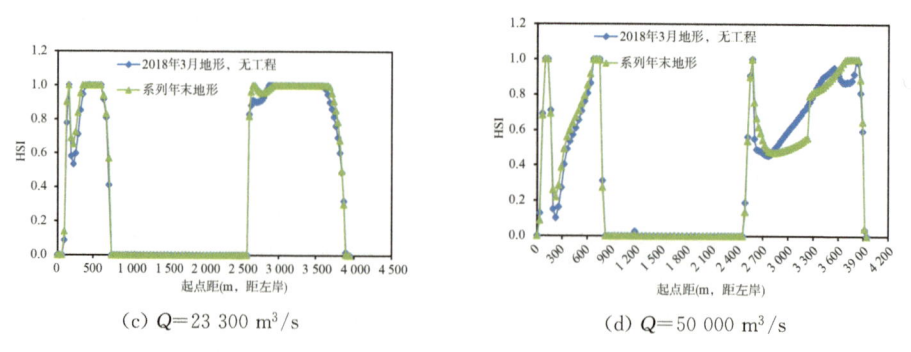

图 5.2-18　戴家洲头部工程区 2♯护滩带栖息地适宜度指数（HSI）变化

戴家洲直水道乐家湾工程区 5♯护滩带区域（图 5.2-19）：枯水流量（$Q=11\ 900\ m^3/s$）时，工程区域栖息地适宜度指数变化不大；中水流量（$Q=23\ 000\ m^3/s$）时，工程区栖息地适宜度指数略有减小，洪水流量（$Q=50\ 000\ m^3/s$）时，适宜度指数略有增加。

(a) $Q=11\ 900\ m^3/s$　　　　　　　　(b) $Q=15\ 764\ m^3/s$

(c) $Q=23\ 300\ m^3/s$　　　　　　　　(d) $Q=50\ 000\ m^3/s$

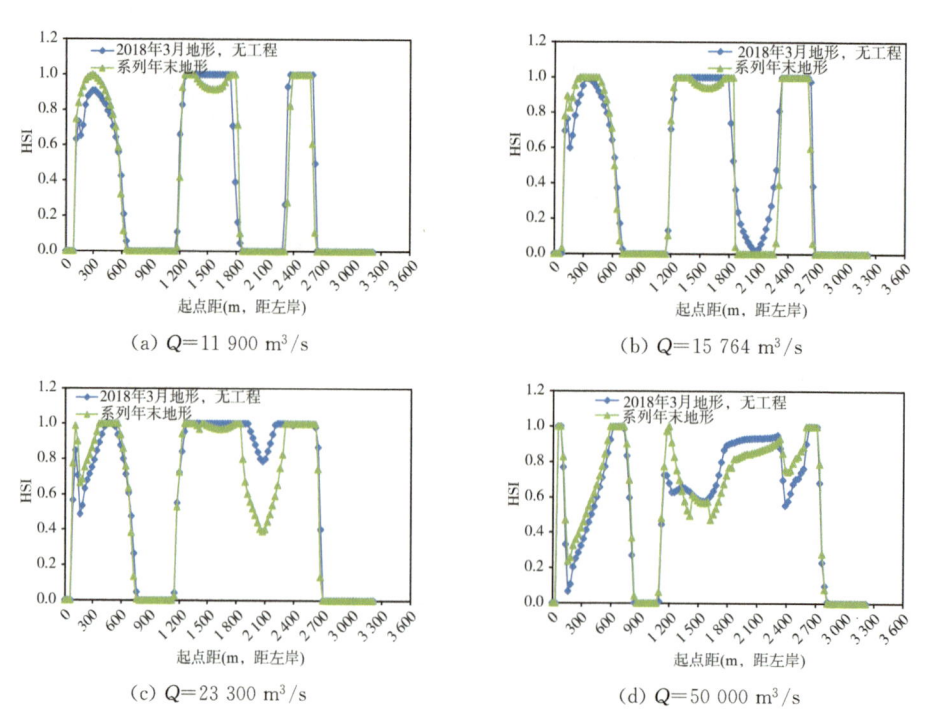

图 5.2-19　戴家洲头部工程区 5♯护滩带栖息地适宜度指数（HSI）变化

③ 戴家洲圆水道

在各代表流量级的条件下，戴家洲圆水道水深适宜度、流速适宜度及栖息地适宜度指数均变化不大。

(5) 微生境适宜性面积分析

在戴家洲河段 6 m 水深航道整治工程实施的条件下，经历典型水文年后，在各代表流量级的条件下，栖息地适宜度指数大于 0.8 的微生境适宜性面积及比例均增大（图 5.2-20 和图 5.2-21）。

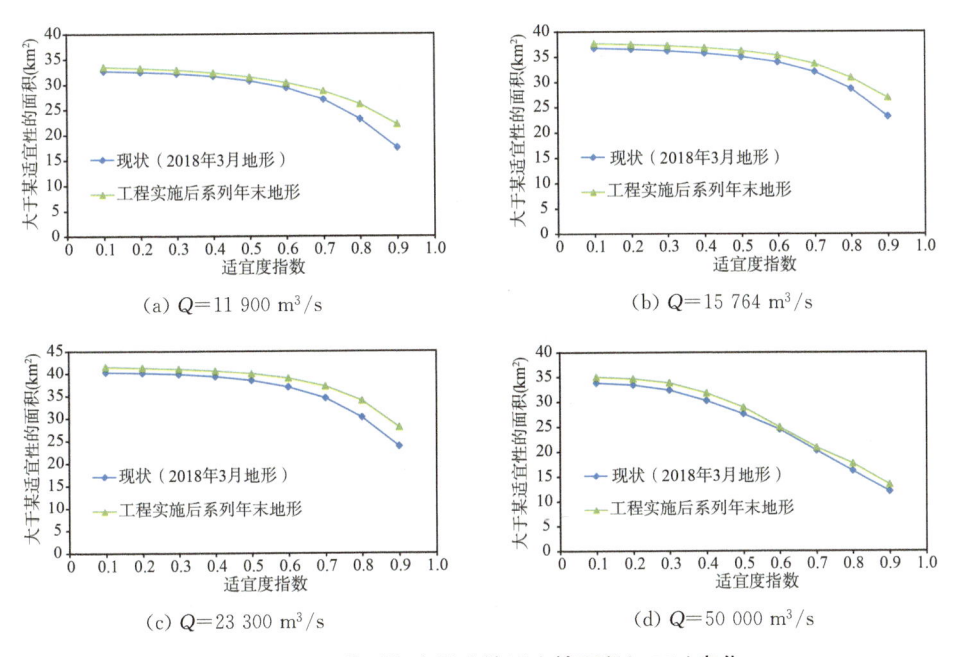

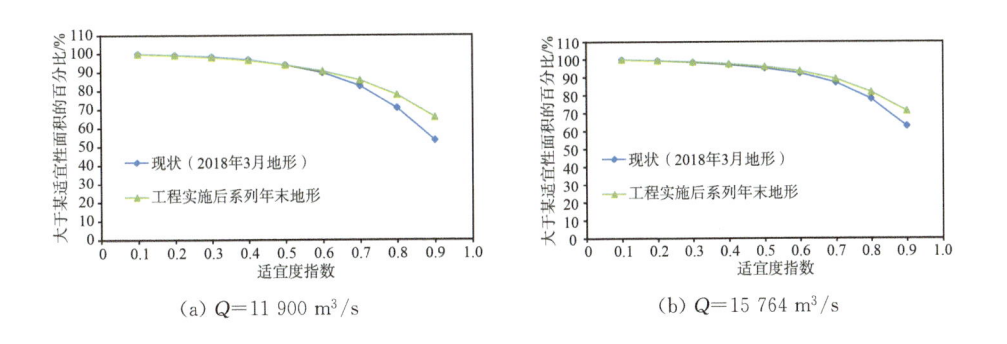

图 5.2-20　典型年末微生境适宜性面积(WUA)变化

(c) $Q=23\ 300\ m^3/s$

(d) $Q=50\ 000\ m^3/s$

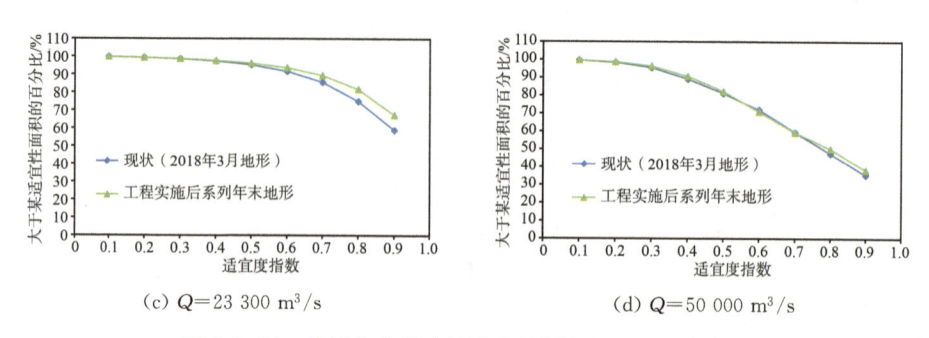

图 5.2-21　典型年末微生境适宜性面积（WUA）比例变化

随着流量的增加,四大家鱼栖息地适宜度指数大于0.8的微生境适宜性面积均具有先增加后减小的变化特点,中水时期微生境适宜性面积最大（图5.2-22）。戴家洲河段6 m水深航道整治工程实施后,经历系列水文年后,整个河段的微生境适宜性面积呈增大趋势。

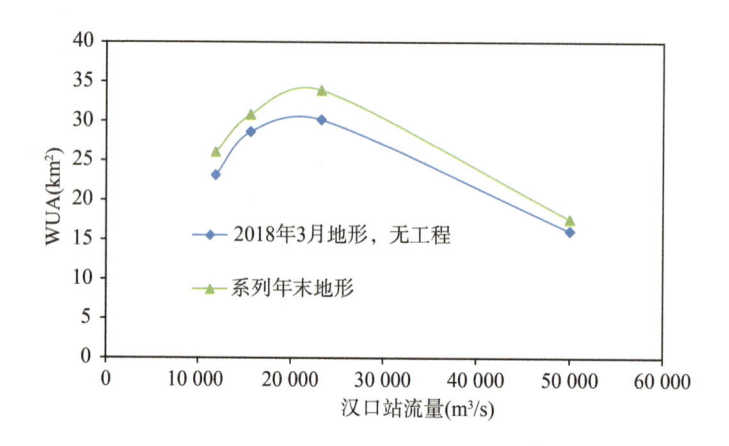

图 5.2-22　栖息地适宜度指数（HSI）大于 0.8 的微生境适宜性面积（WUA）变化

5.3　长江下游东北水道航道整治工程生态效果

5.3.1　工程方案简介

东北水道4.5 m工程平面布置如图5.3-1所示,具体参数如下。

（1）四洲圩边滩窜沟护滩（底）带工程。在四洲圩边滩窜沟中上部布置2条护滩（底）带,长度分别为740 m、719 m,宽度均为150 m,根部采用护岸进行接岸处理,长均为 280 m,上、下段各设 50 m 衔接段。

(2) 下三号洲左缘护滩带工程。在下三号洲左缘滩地布置 3 条护滩带,长度分别为 393 m(含勾头 50 m)、371 m(含勾头 50 m)、331 m,宽度均为 120 m。

(3) 下三号洲左缘护岸工程。对下三号洲左缘岸线进行控导,护岸工程长 2 615 m,上、下端分别另设 50 m、100 m 的衔接段。

(4) 上三号洲尾护岸工程。对上三号洲尾岸线进行控导,护岸工程长 1 884 m,上、下端分别另设 75 m、100 m 的衔接段。

(5) 新坝护岸加固工程。对东北横水道左岸新坝一带护岸进行加固,长度为 1 490 m。

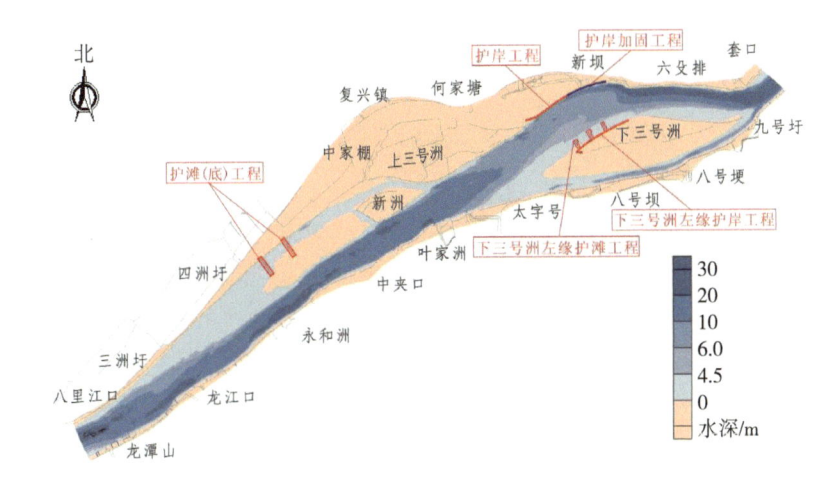

图 5.3-1　东北水道平面布置图

5.3.2　工程及航道效果分析

5.3.2.1　工程结构

在结构设计上,充分借鉴了近年来航道整治工程的经验,采用技术相对成熟且目前在工程实践中应用较好、施工经验丰富的护底带和护岸结构。通过对局部结构进行优化和改进,取得了较好的效果,提高了整治建筑物的稳定性和耐久性。

主体工程实施后经历了两个汛期,四洲圩护滩(底)带,下三号洲护滩带,上、下三号洲护岸和新坝护岸加固工程总体保持稳定;受自然演变因素影响,四洲圩 T1♯护滩(底)带头部和上三号洲中下段发生了局部冲刷,经汛后维护工程后,整治建筑物稳定。另需进一步加强工程区域水下排体边缘部位的观测。

5.3.2.2 航道条件分析

工程实施后，航道条件维持稳定，达到了东北水道航道整治工程的建设目标要求。

工程实施后，四洲圩边滩左侧窜沟淤积明显，东北横水道过渡段浅滩航槽也有所冲刷，东北横水道 4.5 m 和 6.0 m 深航槽均能上下贯通，4.5 m 深航槽最小宽度均大于 200 m，满足本次航道规划尺度要求（图 5.3-2）。

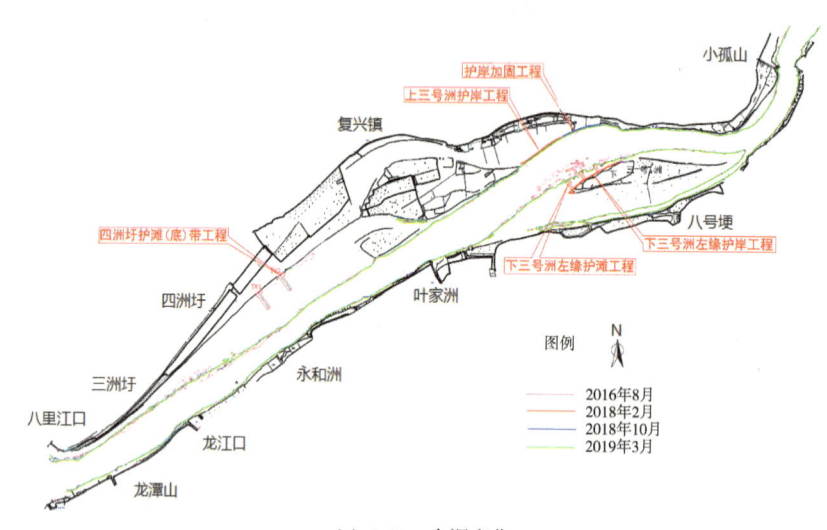

(a) 4.5 m 水深变化

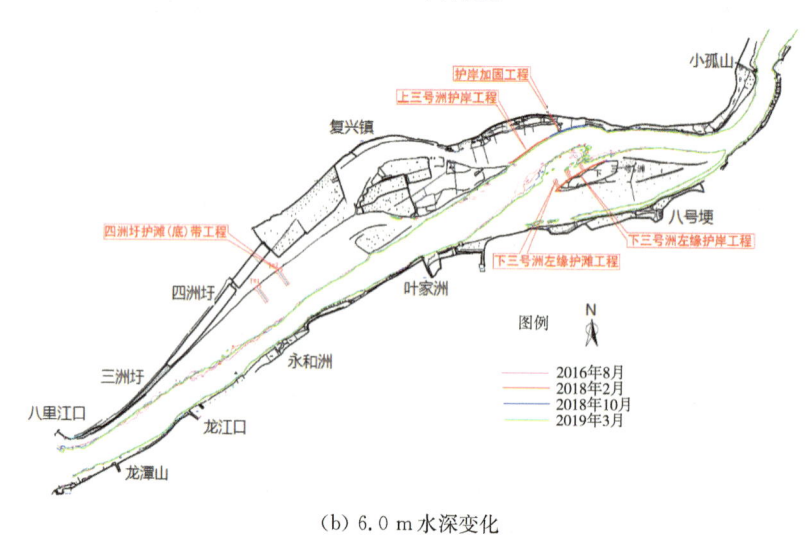

(b) 6.0 m 水深变化

图 5.3-2　东北水道 4.5 m 和 6.0 m 水深变化

5.3.3 生态效果分析

工程实施前后,控导了洲滩和岸线关键部位,从现场踏勘情况来判断,工程未表现出对工程外岸线的稳定造成不利影响。

工程实施过程中,通过增殖放流及渔民补偿等措施的实施,有效减缓了工程建设对周边生态环境的影响;通过施工时间的调整、施工范围的控制及人工驱鱼措施的实施,有效避免了涉水施工对鱼类繁殖索饵和中华鲟等珍稀鱼类洄游的影响;施工期间,巡查并配备江豚救助设备,未发现江豚等珍稀水生动物搁浅或受伤情况。

东北水道航道整治工程执行了环境影响评价和环境保护"三同时"制度,全面落实了环评及其批复中的各项环保措施,环保投资落实到位,针对可能的污染源和生态环境采取了有效保护措施,工程建设过程中不存在重大生态环境影响问题。如图 5.3-3~图 5.3-6 所示。

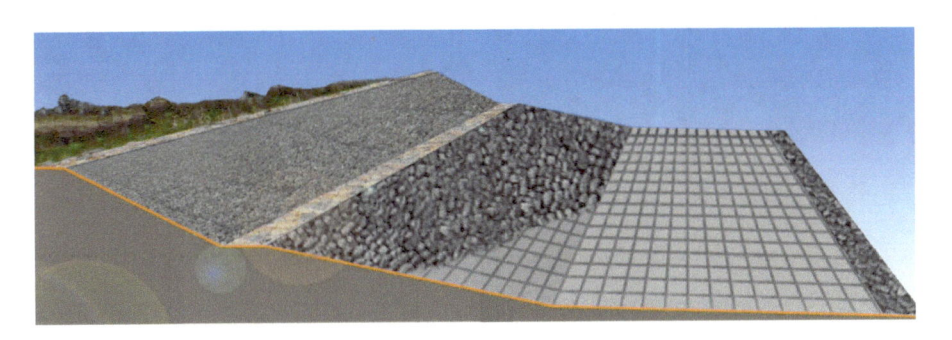

图 5.3-3 护岸建筑物结构图

图 5.3-4 四洲圩护滩(底)带现场照片

图 5.3-5　上三号洲尾护岸工程区域照片(2019 年 5 月)

图 5.3-6　下三号洲左缘护岸、下三号洲头照片(2019 年 5 月)

5.4　长江下游江心洲河段航道整治工程生态水力学研究

5.4.1　工程方案介绍

5.4.1.1　江心洲—乌江河段航道整治一期工程

江心洲—乌江河段航道整治一期工程于 2009—2010 年实施,工程主要包括:牛屯河边滩 3 条护滩带工程,彭兴洲洲头及其左缘护岸工程长度为 3 480 m,江心洲洲头及左缘上部护岸工程长度为 1 000 m(图 5.4-1)。本工程的建设标准为:主航道尺度为 6.5 m×200 m×1 050 m,保证率为 98%;通航由 2 000 t 级或 5 000 t 级驳船组成的(2~4)×10 000 t 级驳船队,以及 5 000 t 级江海直达海船,并利用自然水深通航 10 000 t 级海船;小黄洲左汊、乌江水道航道尺度为 4.5 m×150 m×1 050 m,保证率为 98%。

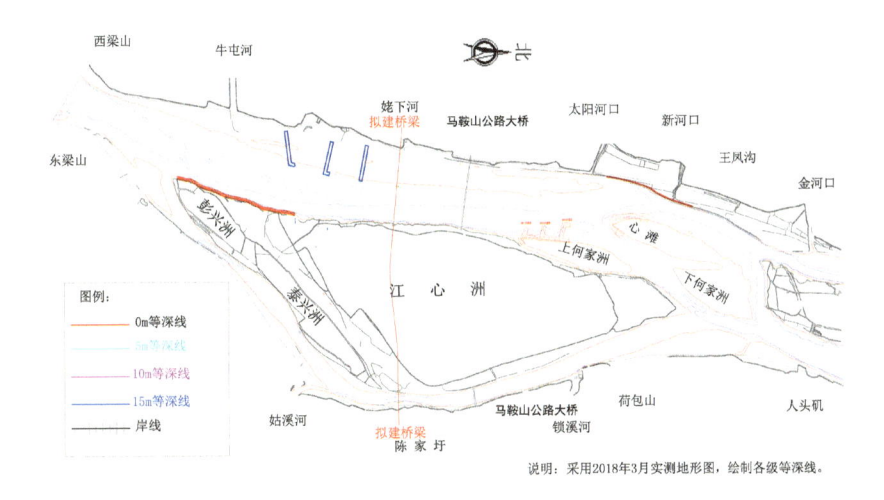

图 5.4-1　江心洲—乌江河段航道整治一期工程平面布置图

5.4.1.2　江心洲河段航道整治工程

江心洲河段航道整治工程于 2016—2017 年实施。工程主要包括：上何家洲低滩布置 3 条护底带，各护底带长度（包括勾头部分）分别为 268 m、332 m 和 579 m；何家洲护岸长 1 700 m，江心洲心滩头部护岸长 1 700 m；彭兴洲—江心洲左缘护岸加固长度为 4 270 m，太阳河口护岸加固长度为 3 100 m。江心洲河段航道整治工程的目标为：稳定洲滩格局，遏制不利变化，巩固已实施工程的效果，维持相对较好的通航条件，实现规划目标，并为现有的航道维护尺度提供保障。工程的建设规模和建设标准为：航道尺度为 7.5 m×200 m×1 050 m，保证率为 98%；通航 2~4 万吨级船队和 5 000 吨级海船。

5.4.1.3　长江马鞍山河段航道整治二期工程

长江马鞍山河段二期整治工程于 2018 年 2 月得到国家发展改革委批复，该整治工程范围为江心洲和小黄洲两个分汊段，全长约 42 km，工程建设内容包括新建 12.7 km 护岸工程，加固 17.9 km 护岸工程，在小黄洲左汊口门新建长 900 m 的护底工程（图 5.4-2）。

5.4.2　控导工程生态效果分析

5.4.2.1　航道与河道工程效果分析

（1）江心洲—乌江河段航道整治一期工程效果分析

已实施的江心洲—乌江河段航道整治一期工程治理目标是：稳定江心洲水

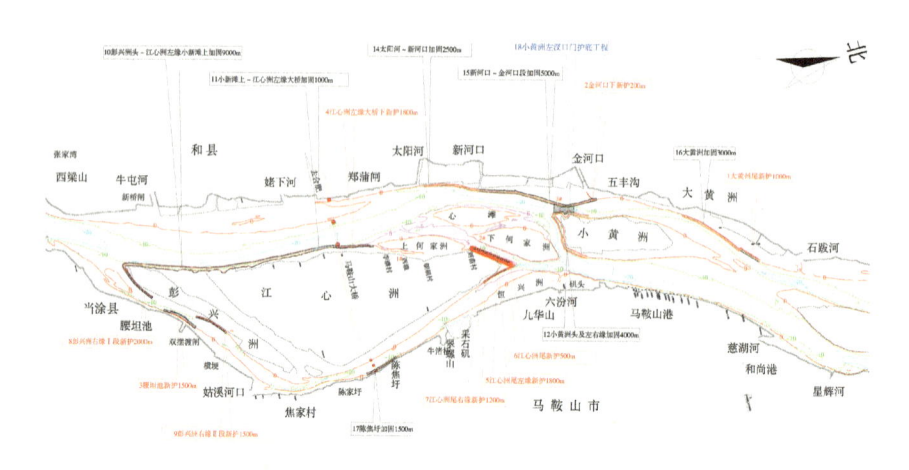

图 5.4-2　长江马鞍山河段航道整治二期工程平面布置图

道目前的滩槽格局,防止江心洲水道向不利方向发展,从而稳定全河段目前较好的航道条件。建设思路是:通过工程措施,稳定牛屯河边滩,控导彭兴洲洲头及其左缘和江心洲洲头及其左缘,防止江心洲水道向不利方向发展。一期工程的建设标准为:主航道尺度为 6.5 m×200 m×1 050 m,保证率为 98%。自 2010 年工程竣工以来,整治建筑物基本稳定,牛屯河边滩稳定,部分护岸存在崩岸,经修复后维持稳定,彭兴洲—江心洲头及左缘护岸基本稳定。总体来说,整治工程实施后稳定了水流条件,抑制了岸线的冲刷后退,控制了河势,基本稳定了江心洲左汊的主流,维持了左汊的航道条件,达到了整治的预期目标。如图 5.4-3 所示。

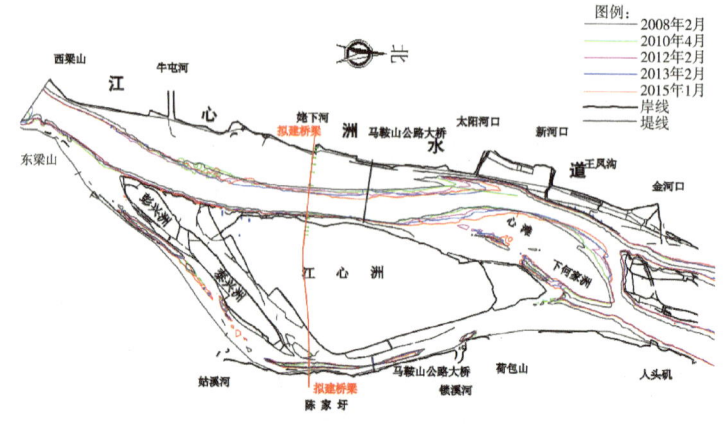

图 5.4-3　马鞍山河段 7.5 m 等深线变化(2008—2015 年)

(2) 江心洲水道航道整治工程效果

江心洲水道航道整治工程包括江心洲心滩滩头护岸工程,上何家洲洲头3条护底带及护岸工程,彭兴洲、江心洲左缘、太阳河口护岸加固工程。江心洲水道航道整治工程的目标为:稳定洲滩格局,遏制不利变化,巩固已实施工程的效果,维持相对较好的通航条件,实现规划目标,并为现有的航道维护尺度提供保障。工程的建设标准为:航道尺度为 7.5 m×200 m×1 050 m,保证率为 98%。自工程实施以来,心滩头部的大幅崩退得到有效遏制,上何家洲及其左缘低滩的快速冲刷得到有效抑制,7.5 m 深槽位置和宽度维持稳定。如图 5.4-4 所示。

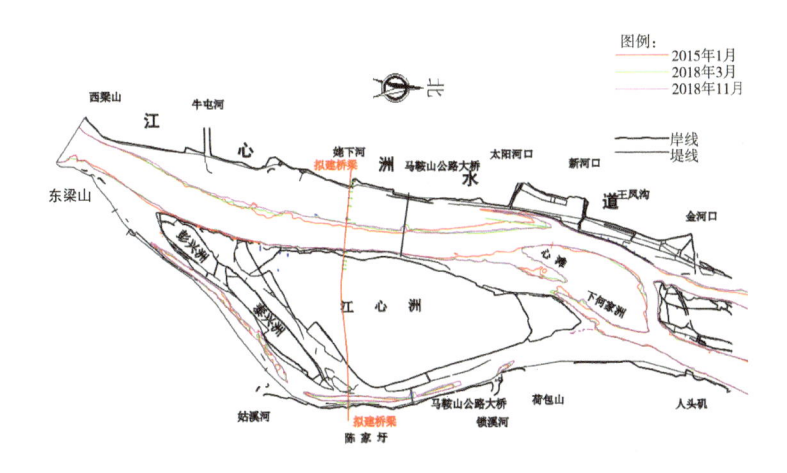

图 5.4-4 马鞍山河段 7.5 m 等深线变化(2015—2018 年)

5.4.2.2 生态水力学效果分析

(1) 流场变化

工程实施后,上何家洲左缘 3 条护底带头部流速有所增加,最大增加值为 0.15 m/s;心滩过渡段流速有所增加,增加值在 0.01~0.12 m/s 之间,流速的增加有利于过渡段落水期冲刷;心滩滩尾切滩位置及小黄洲洲头过渡段流速有所减小,枯水流量下,小黄洲洲头过渡段流速最大减小值为 0.06 m/s;心滩右汊和下何家洲右汊流速有所减小,心滩右汊及下何家洲与江心洲间汊道流速最大减小值为 0.06 m/s;小黄洲左汊流速略有减小,右汊流速略有增加,流速变化幅度较小,最大变幅在 0.01 m/s 左右。整体上,心滩过渡段枯水期水流动力增强,对于过渡段落水期冲刷是有利的,心滩过渡段主流由上何家洲左缘过渡至心滩左汊,水流平顺。心滩与下何家洲洲尾疏浚工程实施后，小黄洲洲头过渡段上口弯曲半径增大，水流较无工程条件下明显改善，水流平顺，下口弯水流条件也有所改善。如图 5.4-5～图 5.4-7 所示。

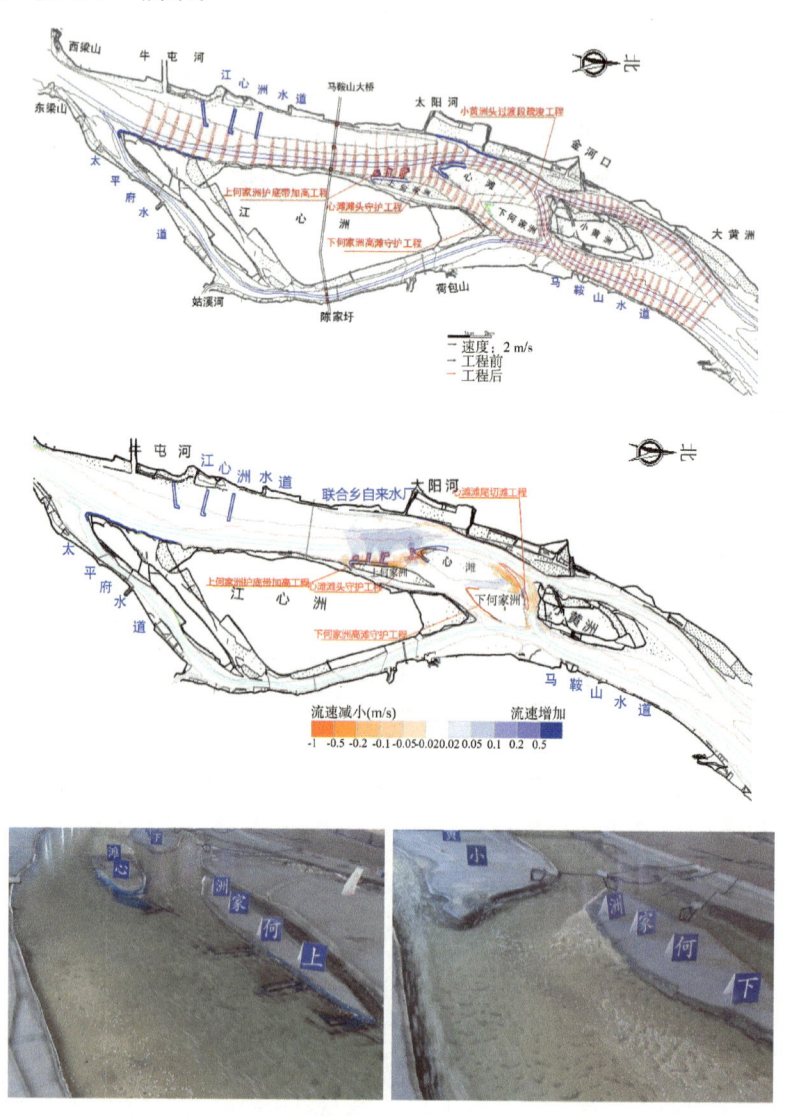

图 5.4-5　工程前后流场图($Q=15\,900$ m³/s)

（2）航道工程生态效果分析

模型试验结果表明，工程实施后，经典型系列水文年，工程对江心洲两汊河

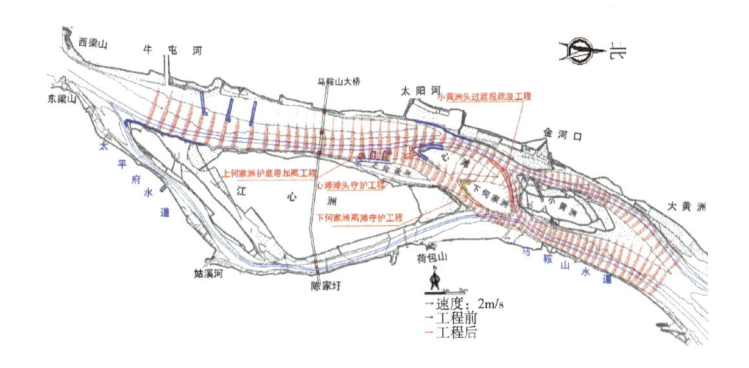

图 5.4-6　工程前后流场图($Q=25\,200\ \text{m}^3/\text{s}$)

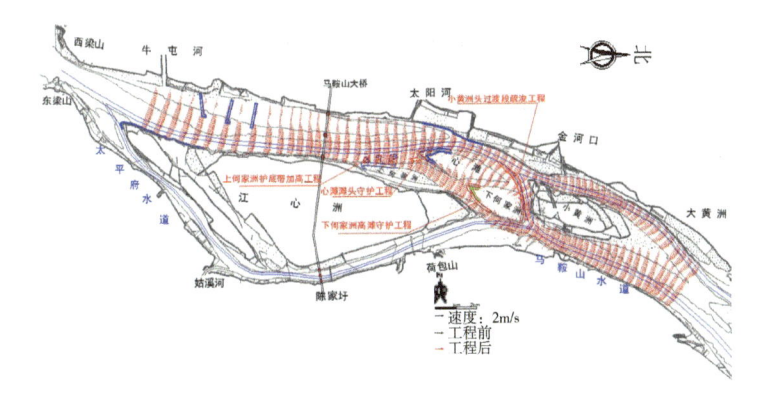

图 5.4-7　工程前后流场图($Q=40\,000\ \text{m}^3/\text{s}$)

床冲淤变化影响较小,仅工程区附近变化较为明显:①心滩过渡段有所冲刷,相对冲刷幅度在 0.1~0.8 m 之间;②除心滩头部控导工程护底带头部有所冲刷外,心滩右汊、下何家洲右汊均处于相对淤积状态,相对淤积幅度在 0.1~0.9 m 之间;③心滩尾部疏浚区域有所淤积,最大淤积幅度在 2.0 m 左右;④小黄洲洲头航槽内有所淤积,相对淤积幅度为 0.1~0.3 m;⑤小黄洲两汊冲淤变化较小,左汊略有淤积,右汊略有冲刷,变化幅度在 0.1~0.2 m 左右;⑥江心洲右汊、马鞍山大桥桥区冲淤变化与无工程时基本一致;⑦上何家洲护底带头部局部最大冲深为 8.0 m 左右,心滩头部控导工程横向护底带头部局部最大冲深为 7.0 m 左右;⑧下何家洲洲头稳定,低滩部位冲刷不明显。如图 5.4-8 所示。

(a) 心滩过渡段　　　　　　　　　(b) 小黄洲洲头过渡段

图 5.4-8　工程后局部地形变化情况

(3) 江豚栖息的水动力条件

长江江豚是近岸型动物,野外记录的 78% 个体出现在距岸 200 m 处。江豚喜欢在近岸浅水区活动,野外记录的 67% 个体活动在水深 3～6 m 处。根据长江航道局测量中心 2018 年 3 月份的测绘图(图 5.4-9),假定在 3 种流量下,将满足 3～6 m 的水深环境视为江豚适宜性栖息地,初步估算枯水期、中水期和丰水期适宜江豚栖息地面积及占评价江段过水面积比例,结果表明,枯水期、中水期适宜江豚水域相对偏低,丰水期最高(表 5.4-1)。

表 5.4-1　江心洲—乌江河段江豚栖息水深面积统计表

水情	面积统计类型	面积/km²
枯水位以下	小于 −6 m 水深的面积	92.64
枯水期	−6～−3 m 之间的面积	16.42
中水期	−3～0 m 之间的面积	15.30
丰水期	0～3 m 之间的面积	20.38

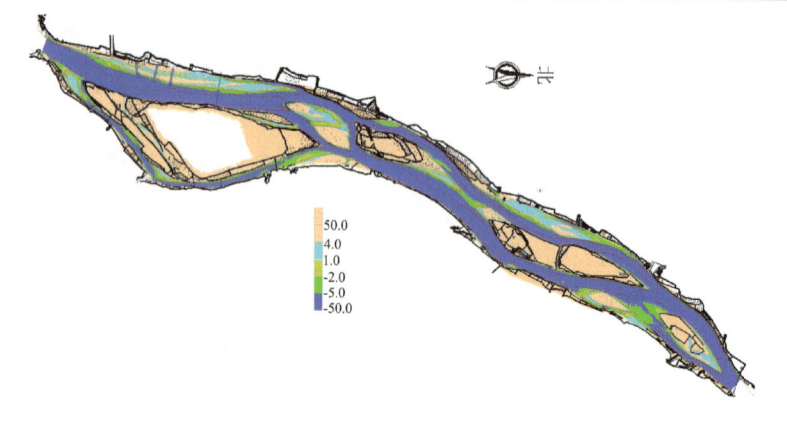

图 5.4-9　江心洲—乌江河段江豚栖息水深分布图

参考文献

[1] 钱宁,张仁,周志德. 河床演变学[M]. 北京:科学出版社,1987.

[2] Schuurman F, Kleinhans M G, Middelkoop H. Network response to disturbances in large sand-bed braided rivers[J]. Earth Surface Dynamics, 2016, 4(1):25-45.

[3] 孙昭华,李义天,黄颖. 水沙变异条件下的河流系统调整及其研究进展[J]. 水科学进展, 2006(6):887-893.

[4] 金德生. 河流地貌系统的过程响应模型实验[J]. 地理研究, 1990(2):20-28.

[5] 戴清. 河道演变机理及其成因分析系统探讨[J]. 泥沙研究, 2007(5):54-59.

[6] 胡一三. 黄河河势演变[J]. 水利学报, 2003(4):46-50,57.

[7] 余文畴. 长江下游分汊河道节点在河床演变中的作用[J]. 泥沙研究, 1987(4):12-21.

[8] Sidorchuk A. Floodplain sedimentation:inherited memories[J]. Global and Planetary Change, 2003, 39(1-2):13-29.

[9] Brierley G J, Fryirs K A. Geomorphology and River Management:Applications of the River Styles Framework[M]. Malden:Blackwell Publishing, 2008:350-398.

[10] Fryirs K A, Brierley G J, Preston N J, et al. Catchment-scale (dis)connectivity in sediment flux in the upper Hunter catchment, New South Wales, Australia[J]. Geomorphology, 2007, 84(3-4):297-316.

[11] Reid H E, Brierley G J. Assessing geomorphic sensitivity in relation to river capacity for adjustment[J]. Geomorphology, 2015, 251:108-121.

[12] Downs P W, Gregory K J. The sensitivity of river channels in the landscape system[M]//Thomas D S, Allison R J. Landscape Sensitivity. Chichester:Wiley, 1993:15-30.

[13] Song XiaoLong, Xu Guoqiang, Bai Yuchuan, et al. Experiments on the short-term development of sine-generated meandering rivers[J]. Journal of Hydro-environment Research, 2016, 11:42-58.

[14] Schuurman F, Shimizu Y, Iwasaki T, et al. Dynamic meandering in response to upstream perturbations and floodplain formation[J]. Geomorphology, 2016, 253:94-109.

[15] van Dijk W M, van de Lageweg W I, Kleinhans M G. Formation of a cohesive flood-

plain in a dynamic experimental meandering river[J]. Earth Surface Processes and Landforms, 2013, 38(13):1550-1565.

[16] Zolezzi G, Güneralp I. Continuous wavelet characterization of the wavelengths and regularity of meandering rivers[J]. Geomorphology, 2016, 252(3):98-111.

[17] Constantine C R, Dunne T, Hanson G J. Examining the physical meaning of the bank erosion coefficient used in meander migration modeling[J]. Geomorphology, 2009, 106(3-4):242-252.

[18] 谢鉴衡.河床演变及整治[M].2版.北京:中国水利水电出版社,1997.

[19] Campana D, Marchese E, Theule J I, et al. Channel degradation and restoration of an Alpine river and related morphological changes[J]. Geomorphology, 2014, 221(11):230-241.

[20] 胡美琴,林锡芝.葛洲坝截流前长江干流的浮游植物[J].淡水渔业,1986(4).

[21] 吴恢碧,何力,倪朝辉,等.长江沙市江段的浮游生物[J].淡水渔业,2004(6).

[22] 韩玉玲,岳春雷,叶碎高,等.河道生态建设:植物措施应用技术[M].北京:中国水利水电出版社,2009.

[23] Hemphill R W, Bramley M E. Protection of river and canal banks[M]. London: Butterworth,1999.

[24] 马玲,王凤雪,孙小丹.河道生态护岸型式的探讨[J].水利科技与经济,2010,16(7):744-745.

[25] 胡海泓.生态型护岸及其应用前景[J].广西水利水电,1999(4):57-59,68.

[26] 陈海波.网格反滤生物组合护坡技术在引滦入唐工程中的应用[J].中国农村水利水电,2001(8):47-48.

[27] 周跃.植被与侵蚀控制:坡面生态工程基本原理探索[J].应用生态学报,2000(2):297-300.

[28] 丁淼.坝河生态护岸的景观建设[J].北京水务,2009(S1):52-54.

[29] 陈明曦,陈芳清,刘德富.应用景观生态学原理构建城市河道生态护岸[J].长江流域资源与环境,2007(1):97-101.

[30] 应翰海.生态型护岸水力糙率特性实验研究[D].南京:河海大学,2007.

[31] 曾子,周成,王雷光,等.基于乔灌木根系加固及柔性石笼网挡墙变形自适应的生态护坡[J].四川大学学报(工程科学版),2013,45(S1):63-66.

[32] 张曦.基于景观生态学的重庆主城区滨江地带城市设计研究[D].重庆:重庆大学,2010.

[33] 陈立强.航道工程建设中传统型护岸与生态型护岸比较[J].城市建设理论研究(电子版),2014(9):2095-2104.

[34] 交通运输部天津水运工程科学研究院. 戴家洲河段航道整治工程物理模型定床试验研究[R]. 2016-10.

[35] 交通运输部天津水运工程科学研究院. 戴家洲河段初步设计阶段物理模型试验研究报告[R]. 2018-06.

[36] 长江航道规划设计研究院,中交第二航务工程勘察设计院有限公司. 长江干线武汉至安庆段6米水深航道整治工程可行性研究报告[R]. 2017-02.

[37] 长江航道规划设计研究院. 长江干线武汉至安庆段6米水深航道整治工程戴家洲河段航道整治工程初步设计[R]. 2018-06.

[38] 长江航道规划设计研究院. 长江干线武汉至安庆段6米水深航道整治工程设计最低通航水位分析与计算[R]. 2016-06.

[39] 李建,夏自强. 基于物理栖息地模拟的长江中游生态流量研究[J]. 水利学报,2011,42(6):678-684.

[40] 王煜,唐梦君,戴会超. 四大家鱼产卵栖息地适宜度与大坝泄流相关性分析[J]. 水利水电技术,2016,47(1):107-112.

[41] 易伯鲁,余志堂,梁秩燊. 葛洲坝水利枢纽与长江四大家鱼[M]. 武汉:湖北科学技术出版社,1988a.

[42] 郭文献,谷红梅,王鸿翔,等. 长江中游四大家鱼产卵场物理生境模拟研究[J]. 水力发电学报,2011,30(5):68-72,79.

[43] 易雨君. 长江水沙环境变化对鱼类的影响及栖息地数值模拟[D]. 北京:清华大学,2008.

[44] 易雨君,张尚弘. 长江四大家鱼产卵场栖息地适宜度模拟[J]. 应用基础与工程科学学报,2011,19(S1):123-129.

[45] 易雨君,乐世华. 长江四大家鱼产卵场的栖息地适宜度模型方程[J]. 应用基础与工程科学学报,2011,19(S1):117-122.

[46] 徐国宾,张耀哲,徐秋宁,等. 多沙河流河道整治新型工程措施试验研究[J]. 西北水资源与水工程,1994(3):1-8.

[47] 徐国宾,张耀哲. 混凝土四面六边透水框架群技术在河道整治、护岸及抢险中的应用[J]. 天津大学学报,2006(12):1465-1469.

[48] 汪奇峰. 四面六边形混凝土透水框架带在长江航道整治工程护滩中的运用[J]. 中国水运(下半月),2013,13(7):165-166.

[49] 陈会东,金辉虎. 航道整治工程对河流生态环境的影响分析[J]. 现代农业科技,2010(7):281-282.

[50] 杨芳丽,耿嘉良,付中敏,等. 长江中游航道整治中生态技术应用探讨[J]. 人民长江,2012,43(24):68-71.

[51] 李莎,熊飞,王珂,等. 长江中游透水框架护岸工程对底栖动物群落结构的影响[J]. 水生态学杂志,2015,36(6):72-79.

[52] 李向阳,陈勇,吴迪,等. 长江干线航道建设规划(2011—2015)环境影响报告书[R]. 武汉:中交第二航务工程勘察设计院有限公司,2011.

[53] 李向阳,郭胜娟. 内河航道整治工程鱼类栖息地保护探析[J]. 环境影响评价,2015, 37(3):26-28,56.

[54] 陈家长,孙正中,瞿建宏,等. 长江下游重点江段水质污染及对鱼类的毒性影响[J]. 水生生物学报,2002(6):635-640.

[55] 马琴,林鹏程,刘焕章,等. 长江宜昌江段三层流刺网对鱼类资源影响的分析[J]. 四川动物,2014,33(5):762-767.

[56] 贺刚,方春林,陈文静,等. 鄱阳湖通长江水道洄游鱼类及影响因素分析[J]. 江西水产科技,2014(2):39-41.

[57] 李天宏,丁瑶,倪晋仁,等. 长江中游荆江河段生态航道评价研究[J]. 应用基础与工程科学学报,2017,25(2):221-234.

[58] 杨少荣,黎明政,朱其广,等. 鄱阳湖鱼类群落结构及其时空动态[J]. 长江流域资源与环境,2015,24(1):54-64.

[59] 江丰,齐述华,廖富强,等. 2001—2010年鄱阳湖采砂规模及其水文泥沙效应[J]. 地理学报,2015,70(5):837-845.

[60] Biggs B J, Goring D G, Nikora V I. Subsidy and stress responses of stream periphyton to gradients in water velocity as a function of community growth form [J]. Journal of Phycology,1998,34(4):598-607.

[61] 齐亮,杨宇,王悦,等. 鱼类对水动力环境变化的行为响应特征[J]. 河海大学学报(自然科学版),2012,40(4):438-445.

[62] 陈永柏,廖文根,彭期冬,等. 四大家鱼产卵水文水动力特性研究综述[J]. 水生态学杂志,2009,30(2):130-133.

[63] 李修峰,黄道明,谢文星,等. 汉江中游江段四大家鱼产卵场现状的初步研究[J]. 动物学杂志,2006(2):76-80.

[64] Li Mingzheng, Gao Xin, Yang Shaorong, et al. Effects of environmental factors on natural reproduction of the four Chinese major carps in the Yangtze River, China[C]// 中国海洋湖沼学会鱼类学分会、中国动物学会鱼类学分会2012年学术研讨会论文摘要汇编. 兰州:中国鱼类学会,2012:296-303.

[65] 郭文献,王鸿翔,徐建新,等. 三峡水库对下游重要鱼类产卵期生态水文情势影响研究[J]. 水力发电学报,2011,30(3):22-26,38.

[66] 董杰英,杨宇,韩昌海,等. 鱼类对溶解气体过饱和水体的敏感性分析[J]. 水生态学

杂志，2012，33(3)：85-89.

[67] 刘流. 三峡水库支流库湾水温分层及其对水华的影响[D]. 宜昌：三峡大学，2012.

[68] 曲璐，李然，李嘉，等. 高坝工程总溶解气体过饱和影响的原型观测[J]. 中国科学：技术科学，2011,41(2)：177-183.

[69] 陈明千，脱友才，李嘉，等. 鱼类产卵场水力生境指标体系初步研究[J]. 水利学报，2013，44(11)：1303-1308.

[70] 龚丽，吴一红，白音包力皋，等. 草鱼幼鱼游泳能力及游泳行为试验研究[J]. 中国水利水电科学研究院学报，2015，13(3)：211-216.

[71] 董哲仁. 河流形态多样性与生物群落多样性[J]. 水利学报，2003(11)：1-6.

[72] 李建，夏自强，王远坤，等. 长江中游四大家鱼产卵场河段形态与水流特性研究[J]. 四川大学学报（工程科学版），2010，42(4)：63-70.

[73] Li Mingzheng, Duan Zhonghua, Gao Xin, et al. Impact of the Three Gorges Dam on reproduction of four major Chinese carps species in the middle reaches of the Changjiang River [J]. Chinese Journal of Oceanology and Limnology, 2016, 34(5)：885-893.

[74] Hauer C, Unfer G, Schmutz S, et al. Morphodynamic effects on the habitat of juvenile cyprinids (Chondrostoma nasus) in a restored Austrian lowland river [J]. Environmental Management, 2008, 42(2)：279-296.

[75] 易伯鲁，梁秩燊，余志堂，等. 长江草、青、鲢、鳙四大家鱼早期发育的研究[M]. 武汉：湖北科学技术出版社，1988b.

[76] 王尚玉，廖文根，陈大庆，等. 长江中游四大家鱼产卵场的生态水文特性分析[J]. 长江流域资源与环境，2008(6)：892-897.

[77] 高勇，唐锡良，姜伟，等. 三峡水库首次试验性生态调度对四大家鱼自然繁殖的促进效应[C]//渔业科技创新与发展方式转变：2011年中国水产学会学术年会论文摘要集. 北京：中国水产学会，2011.

[78] 陆佑楣，曹广晶. 长江三峡工程（技术篇）[M]. 北京：中国水利水电出版社，2010.

[79] 李翀，彭静，廖文根. 长江中游四大家鱼发江生态水文因子分析及生态水文目标确定[J]. 中国水利水电科学研究院学报，2006(3)：170-176.

[80] Zhang Guohua, Chang Jianbo, Shu Guangfu. Applications of factor-criteria system reconstruction analysis in the reproduction research on grass carp, black carp, silver carp and big-head in the Yangtze River [J]. International Journal of General Systems, 2000, 29(3)：419-428.

[81] 彭期冬，廖文根，李翀，等. 三峡工程蓄水以来对长江中游四大家鱼自然繁殖影响研究[J]. 四川大学学报（工程科学版），2012，44(S2)：228-232.

[82] 段辛斌, 陈大庆, 李志华, 等. 三峡水库蓄水后长江中游产漂流性卵鱼类产卵场现状[J]. 中国水产科学, 2008(4): 523-532.

[83] 王煜, 唐梦君, 戴会超. 四大家鱼产卵栖息地适宜度与大坝泄流相关性分析[J]. 水利水电技术, 2016, 47(1): 107-112.

[84] 柏海霞. 长江宜都四大家鱼产卵场地形特征及生态水力因子分析[D]. 北京: 中国水利水电科学研究院, 2015.

[85] 谢文星, 唐会元, 黄道明, 等. 湘江祁阳—衡南江段产漂流性卵鱼类产卵场现状的初步研究[J]. 水产科学, 2014, 33(2): 103-107.

[86] 李翀, 廖文根, 陈大庆, 等. 三峡水库不同运用情景对四大家鱼繁殖水动力学影响[J]. 科技导报, 2008(17): 55-61.

[87] 茹辉军. 大型通江湖泊洞庭湖水域江湖洄游性鱼类生活史过程研究[D]. 北京: 中国科学院大学, 2012.

[88] 朱其广. 鄱阳湖通江水道鱼类夏秋季群落结构变化和四大家鱼幼鱼耳石与生长的研究[D]. 南昌: 南昌大学, 2011.

[89] 鲜雪梅, 曹振东, 付世建. 4种幼鱼临界游泳速度和运动耐受时间的比较[J]. 重庆师范大学学报(自然科学版), 2010, 27(4): 16-20.

[90] 唐明英, 黄德林, 黄立章, 等. 草、青、鲢、鳙鱼卵水力学特性试验及其在三峡库区孵化条件初步预测[J]. 水利渔业, 1989 (4): 26-30.

[91] 郭杰, 王珂, 段辛斌, 等. 航道整治透水框架群对鱼类集群影响的水声学探测[J]. 水生态学杂志, 2015, 36(5): 29-35.

[91] 王珂, 郭杰, 段辛斌, 等. 荆江航道整治工程中透水框架集鱼效果初步评估[J]. 淡水渔业, 2017, 47 (4): 97-104.

[93] 蒋建华, 张立人. 沙波湍流场数值模拟及沙波运动趋势探讨[J]. 海洋画报, 1995, 14(1): 29-33.